水库溃坝风险后果评估

葛 巍 著

科 学 出 版 社

北 京

内 容 简 介

水库大坝在运行过程中，由于超标准洪水、自然老化、先天设计或施工缺陷、管理不到位等原因，均不可避免地存在溃坝风险。溃坝可能导致生命损失、经济损失、环境影响及综合性的社会影响等，如何有效量化溃坝风险后果是科学采取水库大坝风险管控措施的基础和关键。本书针对溃坝风险后果开展系统性的分析与论述，主要包括溃坝生命和经济损失风险快速评价、常规溃坝生命损失风险评价、溃坝生命损失区间量化分析、考虑风险人口避难行为的溃坝生命损失评估、溃坝环境影响评价等。

本书可供水利工程科研及管理人员参考，也可作为水利工程或工程管理相关专业研究生的教材。

图书在版编目（CIP）数据

水库溃坝风险后果评估 / 葛巍著. -- 北京 : 科学出版社, 2025. 7.

ISBN 978-7-03-082534-6

I. TV698.2

中国国家版本馆 CIP 数据核字第 2025FQ2224 号

责任编辑：何 念 张 湾/责任校对：高 嵘
责任印制：彭 超/封面设计：无极书装

科学出版社 出版
北京东黄城根北街 16 号
邮政编码：100717
http://www.sciencep.com
武汉市首壹印务有限公司印刷
科学出版社发行 各地新华书店经销
*
开本：787×1092 1/16
2025 年 7 月第 一 版 印张：7
2025 年 7 月第一次印刷 字数：156 000

定价：88.00 元

（如有印装质量问题，我社负责调换）

序

水库大坝是人类防范洪水、开发利用水资源的重要形式，也是保障和促进经济社会繁荣发展极为重要的基础设施。我国已建水库大坝近 10 万座，居世界第一位。长期以来，由于人们对河流水文情势特别是极端暴雨洪水的认识存在局限，过高的设防标准会造成一定的浪费，而一旦设防标准不足，或者遭遇超过设防标准的洪水，水库大坝将面临严峻的防洪安全问题。随着全球气候变暖，极端气象事件增多，暴雨洪涝灾害的突发性、反常性、极端性和不可预见性日益突出，突破历史纪录的水灾害事件频繁出现。当前许多水库大坝建设年代久远，自然老化导致大坝服役性能降低，一旦安全管理不到位，水库大坝的安全将受到更大威胁。

作为一种低概率、高损失的事故，溃坝会造成严重的生命损失、经济损失和环境影响，进而产生极大的社会问题。溃坝风险后果受到溃坝洪水淹没范围、水深、流速和水温等自然因素影响的同时，还受到人口分布、经济发展水平和人们的风险意识等社会因素的影响。影响因素多，致灾机理复杂，不同情境下溃坝洪水造成的淹没区域和损失程度存在很大差异，因此溃坝风险后果分析一直是水库大坝风险评估领域的热点与难点问题。

郑州大学葛巍教授长期致力于溃坝风险后果的评估研究，该书总结、探讨国内外溃坝风险后果研究领域的最新进展，建立溃坝风险后果的分类原则，提出溃坝生命损失、经济损失和环境影响的多维度评估方法。相关成果在国际上也得到了高度认可，入选国际大坝委员会第 197 号公报《溃坝洪水后果评估》（*Dam Breach Flood Consequence Assessment*），为溃坝风险后果评估贡献了新方法和新思路。这些成果对于丰富水库大坝风险评估理论，并促进其实际应用，具有重要意义。

景来红

全国工程勘察设计大师

2024 年 11 月 20 日

前　言

随着全球水库大坝管理水平及社会风险意识的提高，大坝失事的突然性和极大破坏性使其溃坝风险后果越来越被相关管理部门和社会所关注。水库大坝的安全是个综合性问题，不仅要考虑工程本身的安全程度，更要考虑大坝对下游造成的潜在威胁是否超过下游的承受水平。水库一旦发生溃坝，会对周边及下游地区造成严重的后果。其中，主要包括生命损失、经济损失、环境影响及综合性的社会影响多个方面。此外，溃坝风险后果不仅受到溃坝洪水严重程度的影响，还与预警时间、风险人口的分布、潜在溃坝淹没区的经济发展水平及应急避难方案等密切相关。因此，准确量化溃坝风险后果是合理评价水库大坝风险水平的重点和难点。

作者在国家自然科学基金项目“潜在溃坝损失作用下的水库大坝经济寿命评价方法研究”（52079127）、“中国水库大坝风险后果分析模型研究”（51679222）、“极端天气下黄河流域土石堤坝的灾变机理与风险控制机制”（U2243244）、“梯级水库群大坝风险评估及工程等级划分方法研究”（52179144），中国博士后科学基金项目“水库大坝事故条件下生命和经济损失分析模型研究”（2018M632809），河南省自然科学基金优秀青年科学基金项目“基于数字孪生的土石堤坝溃决风险人口避难模拟与风险应对”（232300421067）等的联合资助下，在溃坝风险后果评估方面开展了系统性研究工作，研究成果入选全球大坝工程界最高级别学术组织——国际大坝委员会的第 197 号公报《溃坝洪水后果评估》，为溃坝风险后果评估贡献了新方法和新思路，供世界各国大坝管理机构参照和采用。本书系统梳理和总结作者在评估水库溃坝生命损失、经济损失、环境影响等溃坝风险后果时在基本理论、计算方法和评估模型方面的成果。

全书共 6 章。第 1 章主要介绍水库溃坝风险后果的内涵与分类，以及国内外在此领域的主要研究成果和应用情况。第 2 章考虑影响溃坝风险后果的各参数准确值难以快速确定的实际，选取关键影响因素，基于突变理论构建溃坝生命和经济损失风险快速评价模型。第 3 章采用层次分析法量化溃坝生命损失影响因子的重要性，与贝叶斯网络计算各指标概率相结合，构建基于层次分析法-贝叶斯网络法的溃坝生命损失风险评价模型。第 4 章结合溃坝生命损失影响因素的不确定性，针对潜在溃坝生命损失不是一个确定值而是处于一个较可能区间的特点，构建溃坝生命损失区间分析模型。第

5 章分析溃坝洪水作用下生命损失形成机理，模拟风险人口的避难行为，构建考虑避难过程的溃坝生命损失评估模型。第 6 章分析溃坝环境影响因素，并对集对分析法进行改进，结合云模型定量分析影响因子权重，构建溃坝环境影响评价模型。

郑州大学李宗坤教授、高卫星教授、方宏远教授，代尔夫特理工大学（Delft University of Technology）的彼得·范海尔德（Pieter van Gelder）教授在本书撰写过程中，给予了大量的建议和技术支持。李巍、孙贺强、王特、焦余铁、张华、孙宝星、陆明浪、于冉等博士研究生、硕士研究生在资料收集、文字处理、图文整编和书稿校核方面做了大量工作。在本书撰写过程中参阅了大量论文文献、专著和报告，谨对所有参考资料的作者表示衷心的感谢！

限于作者的认识与水平，书中难免会有疏漏之处，恳请广大读者批评指正。

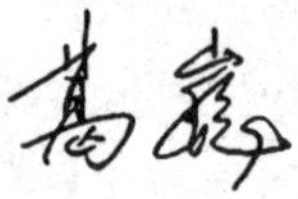

2024 年 9 月 1 日于郑州

目　录

第 1 章

绪　　论

1.1 水库溃坝风险后果的内涵与分类

为了获得供水、防洪、灌溉、航运、泥沙控制和水力发电等效益，世界上许多国家修建了数量巨大的水库大坝[1]。超标洪水、水库大坝存在先天不足或自然老化导致其防御洪水的能力不足等，使得潜在溃坝事故对大坝下游人民群众的生命、财产安全造成了一定的威胁，即水库大坝存在风险[2]。

根据2000年国际大坝委员会（International Commission on Large Dams，ICOLD）北京会议的定义[3]，风险是对生命、健康、财产和环境负面影响的可能性和严重性的度量，是溃坝可能性（概率）和溃坝后果（损失）的乘积，即 R（风险）$=P$（概率）$\times L$（损失）。这也是水库大坝风险管理与安全管理相比所具有的最大特点，即对大坝失事后果的考虑与大坝本身的安全并重。

目前关于水库大坝风险的表述，主要分为三类：①主要指概率大小，如某水库大坝发生了局部结构破坏，有可能失事，处于高风险状态；②主要指后果大小，如某水库大坝失事产生的洪水，给下游带来了很大的风险；③同时包含了概率和后果两个方面，如随着某水库大坝的自然老化及下游人口的不断增加，该大坝风险水平不断提高。

为了避免混淆，同时考虑到溃坝后果是否存在取决于溃坝是否发生（存在不确定性），本书采用“溃坝风险概率”来表征溃坝可能性，采用“溃坝风险后果”表征潜在溃坝损失，采用“溃坝风险”表征既考虑溃坝风险概率又考虑溃坝风险后果的综合风险。

根据国内外的研究及工程实际运用情况，溃坝风险后果主要包括生命损失（loss of life，LOL）、经济损失（loss of economy，LOE）、社会影响、环境影响四个方面。LOL主要是指大坝失事水流冲击、淹没和寒冷等因素造成的淹没范围内的人员损失；LOE主要是指大坝失事淹没造成的房屋、家具、物资、作物等直接LOE及影响交通运输、厂矿企业正常生产而产生的间接LOE；社会影响主要是指大坝失事对人们原有生活方式、生活质量、心理状态的改变及在政治系统和文化层面的影响；环境影响主要是指大坝失事洪水导致的河道形态及人文景观变化、重大污染等，具体体现在水环境、土壤环境、生态环境和人居环境等方面。

溃坝在造成LOL和LOE的基础上，对原有环境也会造成很大改变甚至破坏，因此也会产生很大的社会影响。将社会影响作为与LOL、LOE和环境影响并列的一种溃坝风险后果，是值得商榷的，因为社会影响与其他三种后果存在极大的相关性，即若无LOL、LOE和环境影响，则溃坝的社会影响也就不存在。因此，可以认为LOL、LOE和环境影响是溃坝风险后果的三个基础类别，社会影响则为上述三种后果的共同作用[4]。

1.2　开展水库溃坝风险后果分析的意义与价值

1.2.1　现实意义

根据中华人民共和国水利部发布的《2023 年全国水利发展统计公报》，截至 2023 年，我国已建成水库 94 877 座（总数为世界第一）[5]，总库容达 9 999 亿 m^3，如表 1.1 所示。

表 1.1　截至 2023 年中国已建成水库数量及库容

项目	大型	中型	小型	合计
数量/座	836	4 230	89 811	94 877
库容/亿 m^3	8 077	1 210	712	9 999

然而，由于特定历史原因[6]，我国相当一部分水库大坝在设计、施工过程中，未按照基本建设程序实施，存在防洪标准低、工程质量差和隐患多等问题，较多的溃坝事故发生，造成了严重的 LOL 和 LOE，以及社会和环境影响。1963 年 8 月，河北省中南部连日暴雨，海河流域发生了历史上最大的一次洪水灾害，部分中小型水库溃坝，子牙河、大清河、漳河等许多河段溃堤，造成 5 119 人死亡，43 386 人受伤[7]；1970 年 9 月，广东省揭西县横江水库在强降雨情况下发生溃坝，造成 941 人死亡；1971 年 6 月，浙江省宁海县洞口庙水库发生溃坝，造成 186 人死亡；1973 年 4 月，甘肃省庄浪县李家咀水库发生溃坝，造成 662 人死亡；1973 年 8 月，甘肃省庄浪县史家沟水库发生溃坝，造成 81 人死亡；1993 年 8 月，青海省共和县沟后水库发生溃坝，造成 320 余人死亡或失踪（为方便计算，后面提到时取 320 人）；2001 年，四川省会理县大路沟水库因蚁穴发生管涌导致溃坝，造成 26 人死亡（或失踪）；2010 年，吉林省桦甸市大河水库未及时开闸泄洪，导致洪水漫顶而溃坝，造成 48 人死亡（或失踪）；2012 年，浙江省舟山市沈家坑水库发生溃坝，造成 11 人死亡，27 人受伤；2018 年 8 月 1 日，新疆维吾尔自治区哈密市特大暴雨导致射月沟水库溃坝，产生洪水（图 1.1），洪水造成 28 人死亡（或失踪）。

根据水利部大坝安全管理中心盛金保等[8]的统计，我国自 1954 年有较系统溃坝记录以来，到 2021 年的 68 年间发生溃坝事件的水库共 3 558 座，年均溃坝 52.32 座。溃坝水库统计如表 1.2 所示。

图 1.1 射月沟水库溃坝，产生洪水

表 1.2 水库溃坝时间与工程规模分类统计（1954～2021 年数据）

溃坝年份	大型/座	中型/座	小（1）型/座	小（2）型/座	合计/座	占比/%	年均溃坝数/座
1954～1960	0	64	156	129	349	9.81	49.86
1961～1970	0	27	156	407	590	16.58	59.00
1971～1979	1	27	276	1 671	1 975	55.51	219.44
1980～1990	0	4	52	271	327	9.19	29.73
1991～1999	0	2	28	188	218	6.13	24.22
2000～2009	1	5	12	35	53	1.49	5.30
2010～2021	0	4	11	31	46	1.29	3.83
合计	2	133	691	2 732	3 558	100.00	52.32
占比/%	0.056	3.738	19.421	76.785	100.00		

由上述代表性溃坝事件和表 1.2 可以看出，随着经济社会发展和水库大坝安全保障体系的不断健全，水库年均溃坝数和溃坝 LOL 大幅度下降，但导致严重人员伤亡的溃坝事件的占比近年来不降反升。这与近年来极端气候影响加剧、城镇化发展有关，也反映出了在水库溃坝突发事件监测预警、人员应急转移、公众风险意识培养和科学制订应急预案等方面仍需大力改进[8]。

世界其他国家和地区在享受水库大坝带来的巨大社会、经济效益的同时，也面临着溃坝带来的风险。根据美国国家大坝清单（National Inventory of Dams，NID），全美共有 92 075 座大坝。据统计，1848～2017 年，美国发生溃坝 1 645 座，1850～2017 年的溃坝事故造成了 3 459 人死亡[9]。2017 年 7 月，北加利福尼亚（Northern California）州的奥罗维尔（Oroville）大坝两条溢洪道局部失事引发洪水，应急疏散人口超过 188 000 人。

近年来，随着全球变暖，极端气象事件频发，全世界范围内溃坝事故屡见不鲜。2018 年 7 月 23 日，老挝南部桑片-桑南内（Xe-Pian Xe-Namnoy）水电工程项目建设中的大坝失事引发洪水（如图 1.2），造成 28 人死亡，130 多人失踪[10]。2018 年 8 月 29 日，缅甸内比都（Naypyidaw）斯瓦尔乔恩（Swar Chaung）大坝溃口导致洪水泛滥，超过 5 万人被迫撤离家园。2019 年 7 月 2 日晚，印度马哈拉施特拉（Mahārāshtra）邦中部的泰威尔（Tiware）大坝因暴雨发生溃堤，造成至少 18 人死亡。2020 年 5 月 1 日（当地时间 06:00 左右），乌兹别克斯坦锡尔河州（Syr Darya Oblast）萨尔多巴（Sardoba）水库溃坝，洪水造成 6 人死亡及巨大的环境破坏和 LOE，导致乌兹别克斯

图 1.2　老挝桑片-桑南内水电站溃坝洪水场景

坦和邻国哈萨克斯坦的10多万人应急撤离避险。2023年9月，全世界最干旱的国家之一利比亚的瓦迪德尔纳（Wadi Dérna）河上的阿尔比拉德（Albilad）水库（蓄水量150万m^3）和阿布曼苏尔（Abu Mansour）水库（蓄水量2 250万m^3）两座梯级水库大坝因地中海飓风“丹尼尔”带来的暴雨而连溃，导致下游德尔纳市（Dérna）（人口约90 000人）四分之一地区被淹没，截至当地时间9月14日，洪灾已导致11 300人遇难，10 100人失踪。2024年4月，受连续强降雨影响，肯尼亚纳库鲁（Nakuru）郡麦马修（Maai Mahiu）镇附近的旧基贾贝（Old Kijabe）坝于当地时间4月29日凌晨溃坝，截至4月30日凌晨，洪灾已导致71人死亡、110人入院治疗。

随着工程人员知识水平及大坝建设质量的不断提升，水库大坝的安全性得到了有效提高，大坝失事情况大幅减少[11]。然而，即便如此也不可能完全保证大坝安全、无风险。由于自然灾害[12]、人类活动或大坝服役年限过长、坝体材料强度或坝体结构性能下降等原因，大坝失事事件还是在不断发生[13]。此外，随着人口数量的增加及经济、社会的不断发展，大坝失事造成的后果将会比以往严重得多，社会将更加难以承受[14]。

大中型水库大坝失事后果极其严重，其发生一次失事造成的LOL、LOE也远大于多次小水库失事造成的损失，因此在同等条件下人们更加关注大中型水库的失事后果[15]。目前，国家和地方对于大中型水库的资金保障要好于小水库，近年溃坝概率也小于小水库，安全情况较好[16]。另外，当前的管理措施主要是防洪标准的调整及针对大坝本身结构的除险加固，为了提高大坝整体的安全水平，纯粹的工程措施只是片面地提高大坝设计安全系数，这会造成一些浪费[17]。如何更合理地评估大坝风险水平，采取更有效的风险管理措施，使有限的管理资金发挥更大的作用成为我国水库大坝管理亟须解决的关键问题[18]。

因此，开展针对性的水库溃坝风险后果分析，提高研究成果的科学性，是加快风险分析成果的实际应用和促进我国水库大坝管理方式与理念转变的客观需求。

1.2.2 理论价值

大坝的安全是个综合性问题，不仅需要考虑工程本身的安全程度，更要考虑大坝对下游造成的潜在威胁是否超过下游的承受水平[19]。目前，我国基于安全管理理论的大坝安全评价主要包括两个方面：①水库大坝的防洪标准复核、结构安全评价、渗流安全评价、抗震安全复核及金属结构安全评价[20]；②与水库大坝安全评价有关的工程质量评价及大坝运行管理评价[21]。其关键与核心是判断工程本身的安全程度能否符合相应规范的要求，较少考虑可能发生的事故对下游造成的LOL、LOE和社会、环境影响，存在一定的局限性。与安全管理的理念相比较，大坝风险管理的理念更加全面，更能综合、定量地反映工程与人、工程与社会的关系，是一种更为科学、系统的管理理念[22]。

（1）溃坝风险后果分析是大坝风险管理理论中极其重要但相对落后的一环。

水库大坝风险概率分析主要针对其发生漫顶或结构破坏的可能性，而当前采用的安全评价方法主要通过防洪、结构、渗流、抗震和金属结构安全等方面的分析来判断其可靠度，两者具有较大的一致性，因此当前针对水库大坝风险概率的研究较多且成果较为丰富[23]。

水库溃坝风险后果不仅与工程本身相关，还与大坝下游的人口分布及经济、社会发展情况密切联系。在当前的水库大坝规划、设计及管理理念下，管理部门和研究人员对于绝大多数大坝资料的掌握偏重上游来水及坝址附近的地形等工程资料，而对于大坝下游的地形资料及人口分布、经济发展情况等经济文化数据很少涉及，这就给水库大坝失事后果估算带来了难度[24]。

水库溃坝风险后果分析不仅是工程问题，也是社会问题。合理的溃坝风险后果分析可使大坝风险评价的科学性与全面性得到更好的体现，但是限于地域广阔、地形条件复杂、统计数据缺乏、研究起步较晚等因素，溃坝风险后果分析是水库大坝风险管理理论中相对落后的一环。

（2）溃坝风险后果分析是准确进行风险评价与管理的关键。

没有标准的研究只能揭示事物的内在规律，难以给出科学决策的依据，因此合理的风险标准是准确进行风险评价与管理的基础和关键[25]。我国现行的安全标准根据规模、坝高和库容、水电站特征、供水目的对坝进行分类，且危害程度不同的坝，其设计洪水或校核洪水（极端洪水）的标准也不同。对于大坝结构、渗流、抗震、金属结构安全等方面的评价标准主要采用相关的安全系数[20]，其偏重工程结构本身的可靠度分析，即大坝在规定时间和规定条件下，完成既定功能的概率。

因事故后果方面的统计资料较少，水利行业并无专门的事故后果评价规定，只是要求在规划和设计中应考虑可能的事故影响，但并未明确事故可接受的范围和程度。国家层面，《生产安全事故报告和调查处理条例》（国务院令第 493 号）从 LOL、LOE 角度对安全事故等级进行了规定，但与水利工程失事概率低、后果严重的特点并不十分符合。社会、环境影响角度则有《中华人民共和国环境影响评价法》，规定在土地利用的有关规划，区域、流域、海域的建设、开发利用规划中应当对规划实施后可能造成的环境影响做出分析、预测和评估。但是其偏重对水库淹没影响区及工程建设区的分析，且是人为控制条件下产生的影响，与水库大坝失事的突然性和极大破坏性不符。

不同大坝发生潜在事故的概率不同，在此概率条件下造成的损失程度也存在很大的差异。在判断大坝本身安全程度的同时，着重进行大坝可能发生事故所造成后果的风险评价，可有效处理低概率高损失事故和高概率低损失事故的问题[26]，比安全评价更具科学性。

因此，分析水库溃坝风险后果，对于完善大坝风险管理理论，合理构建风险评价标准，准确评价大坝风险水平，科学采取风险管理手段具有重要的理论意义。

1.3 国外溃坝风险后果研究成果及应用

20 世纪 90 年代左右，国际上对大坝的管理理念开始由偏重大坝结构本身的安全管理向对事故后果的考虑与事故概率并重的风险管理转变[27]。与风险概率主要取决于工程因素不同，风险后果影响因素多，致灾机理复杂，不同情境下溃坝洪水造成的淹没区域和损失程度存在很大差异，溃坝风险后果评估成为研究的热点与难点[28-29]。

1.3.1 国外溃坝风险后果研究历程与成果

1. 基于历史资料构建溃坝风险后果经验模型

1988 年，Brown 和 Graham[30]利用数学统计方法对世界各国历史上发生的一些溃坝 LOL 数据进行分析，建立了简单的溃坝损失经验估计公式（Brown & Graham 法）；1997 年，Assaf 等[31]基于前人的经验统计和回归分析，利用溃坝模拟技术和概率论来估算溃坝 LOL（Assaf 法）；1993 年，科罗拉多大学的 Dekay 与美国垦务局（United States Bureau of Reclamation，USBR）的 McClelland 考虑溃坝洪水严重性的不同，提出了描述 LOL 与风险人口（population at risk，PAR）之间非线性关系的经验估计公式（Dekay & McClelland 法）[32]。

Brown & Graham 法对许多因素进行了简化，而 Assaf 法缺少对人抵抗溃坝洪水灾害的主观能动性分析，且迭代计算过程过于烦琐，实用性不足[33]。Dekay & McClelland 法仅将溃坝洪水严重性分为高和低两类，得到的结果较为粗糙且具有较大的随意性。另外，随着社会、经济的不断发展，同样的事故造成的溃坝风险后果与以前会有很大不同，而经验模型参数主要是基于历史资料统计分析得出，难以反映这种差异，因此在溃坝风险后果预测方面存在明显不足。

2. 基于致灾机理分析构建溃坝风险后果物理模型

1999 年，Graham[34]建议应基于溃坝洪水的严重性估算溃坝 LOL，给出了考虑洪水预报发布时间的溃坝 PAR 死亡率表，并提出了基本步骤（Graham 法，此方法被澳大利亚所采用）；2000 年，McClelland 和 Bowles[35]提出了一种基于溃坝下游淹没区域划分和风险分析相结合的 LOL 估算方法（McClelland & Bowles 法）；2001 年，芬兰的 Reiter[36]遵循 Graham 法提出了一种简化的溃坝生命损失评估方法（simplified dam failure life loss evaluation method，SDFLLEM）；2003 年，美国的 Aboelata 等[37]将地理信息系统（geographic information system，GIS）应用于洪水路径分析，在此基础上构建了 LOL 预测模型；韩国的 Lee[38]及 Lee 和 Noh[39]通过分析溃坝洪水相关参数、预警时间（T_W）及人们的风险意识等因素的不确定性，估计 LOL 和 LOE。此外，美国陆军工程兵团（United States Army Corps of Engineers，USACE）、USBR 和澳大利亚大坝委员会（Australian National Committee on Large Dams，ANCOLD）还支持构建了一个用于估算潜在 LOL 的空间分布动态仿真建模系统[40]。基于上述研究，Jonkman 等[41-43]通过分析事故关键参数、事故破坏区域损失率等因素，构建了低概率高损失事故的 LOL 和 LOE 模型；Zhang 和 Tan[44]通过改进支持向量机（support vector machine，SVM）法评估 LOL。

该类方法基于溃坝风险后果形成机理分析，明确 T_W、人们风险意识等因素作用下的 PAR 撤离情况和溃坝洪水严重性、建筑物稳定性等因素作用下的暴露人口损失率，进而计算溃坝风险后果，可以显著提高评估模型的准确性。

然而，以致灾机理分析为主的物理模型考虑到了 T_W、洪水严重性（S_F）和建筑物稳定性等因素对 LOL 的作用，但是对人们在溃坝洪水威胁下的避难行为及其对潜在 LOL 的影响程度考虑较少。因此，该模型仅能量化出在一定 T_W 内人口的撤离比例、一定洪水强度下建筑物的破坏比例等，不能量化 PAR 撤离所需时间、最短撤离路径、可供人口有效躲避的房屋等有利于帮助制订避难措施以降低潜在 LOL 的重要信息，导致其评估结果对指导相关部门制订应急预案以降低潜在 LOL 的作用有限。

3. 进一步分析影响因素与溃坝风险后果的不确定性

上述基于致灾机理分析所构建的各模型在分析不同工况下的溃坝风险后果时，结果的分布规律较为一致，但是在具体数值方面有时会出现接近一个数量级的差异[45]。产生这种现象的主要原因是不同方法在确定风险因素对溃坝风险后果影响程度方面有着较大差异，因此相关研究人员针对影响因素与溃坝风险后果的不确定性关系进行了进一步的分析。

Judi 等[46]探讨了溃坝洪水淹没范围和深度的分析精度对 LOL 与 LOE 评估的影响；Kolen 等[47]分析了用于应急疏散的时间及条件（包括公众和政府部门对洪水的反应及对基础设施的使用）在 LOL 控制方面的不确定性；Cleary 等[48]分析了大坝不同失事模式下溃坝风险后果的差异；Day[49]分析了应急预案对溃坝洪水淹没人口和财产的影响；Komolafe 等[50]分析了斯里兰卡、泰国和日本三个国家洪灾损失估计方法的特点，研究了建筑物脆弱性指数对溃坝风险后果的影响；Magilligan 等[51]使用详细的现场采样和系统图像分析，记录了吉尔斯溪（Gills Creek）流域内四个溃坝事件所导致的即时和持续的地貌调整。上述研究针对性地分析了部分因素对溃坝风险后果的影响程度，为构建更为准确的溃坝风险后果分析模型提供了一定的基础。

国外对于溃坝可能导致的 LOL 极为关注，研究成果也主要集中在此方面，同时开展了少量的 LOE 研究。与之相比，已有的溃坝环境影响研究主要针对尾矿坝[52]，其研究成果并不适用于常规的水库大坝。

1.3.2 国外溃坝风险后果研究的应用

鉴于溃坝风险后果计算的复杂性，PAR（可能出现在大坝下游地区并可能在水库溃坝时处于危险中的人数）、大坝下游的生活区域类型（农村或城市）和经济产业类型（农业、工业或重要资源）常被用于定性判断溃坝风险后果。近年来，随着溃坝风险后果定量分析研究成果的不断丰硕，澳大利亚、美国和加拿大等国结合自身的大坝安全及社会、经济发展情况，分别开始了一些实际应用。

澳大利亚的《大坝后果分类导则》（*Guidelines on the Consequence Categories for Dams*）规定，当大坝坝高超过 8 m，且蓄水能力超过 50 万 m^3，或者蓄水能力超过 25 万 m^3 且流域面积超过水库面积的 3 倍时，都需要做溃坝影响评价[53]。同时，ANCOLD 指出，目前还没有能够准确预测溃坝造成的 LOL 的可用程序。结合该国历史统计资料及大坝安全状况，建议采用 Graham 法进行评估。

USBR 于 2014 年发布《大坝安全风险分析中生命损失估算指南》（Guidelines for Estimating Life Loss for Dam Safety Risk Analysis）[54]，给出了“生命损失率-洪水严重性（水深乘以流速）”的参考图，同时分析了 T_W、公众对洪水严重性的理解程度和撤离情况等因素对生命损失率的影响。

加拿大大坝协会（Canadian Dam Association，CDA）制定的《大坝安全导则》（*Dam Safety Guidelines*）[55]要求应由特定自然事件（如洪水）导致溃坝进而产生的溃坝风险后果比仅由该自然事件本身（无溃坝）产生的风险后果增加量，确定大坝安全管理等级。其中，风险后果包括淹没区的 LOL、伤残及对人口结构的总体破坏，对环境及文化的影响，对基础设施、经济和财产的破坏等。加拿大哥伦比亚（Columbia）将溃坝风险后果分为 LOL、环境和文化损失、经济和基础设施损失三大类[56]，并建议 LOL 可按照 USBR 推荐的参考图定量计算，其他两大类损失应根据洪水严重性及淹没区域所包含的保护物种或野生动物栖息地类型、经济产业类型和重要基础设施等，结合相应主管部门的规定予以判断。

溃坝风险后果受到工程因素和社会因素的共同影响，我国在社会因素方面与发达国家和地区存在较大差异，导致同等事故条件下造成的损失不同。因此，国外的溃坝风险后果研究成果并不完全符合我国的实际情况[57]。

1.4 国内溃坝风险后果研究现状

1.4.1 溃坝 LOL 和 LOE 分析研究现状

溃坝造成的 LOL 和 LOE 最为直观，也最被社会关注。近年来，我国学者在此方面开展了积极的探索。根据研究的基本思路，主要成果大致可分为三类。

1. 结合致灾机理的经验模型分析

范子武和姜树海[58]按照防洪工程漫顶失事的逻辑过程提出了防洪风险率的定量计算方法，引入了人员伤亡预测的经验公式，讨论了制定允许风险标准问题；周克发[59]基于 Graham 法和 SDFLLEM 的分析思路，基于 8 座溃坝的资料分析了各工况下的损失率和修正系数，并提出了相应的经验模型（李–周法）；宋敬衖和何鲜峰[60]研究了个体 LOL 和社会 LOL 的估算方法，并就其中的不确定性因素进行了分析，对传统的估算方法进行了改进；郝玉芹等[61]通过对事故损失性安全成本法、事故 LOE 理论计算方法和事故 LOE 构成计算方法的比较，认为事故损失性安全成本法的计算更容易、可控，更为科学和实用。Sun 等[62]在基于蒙特卡罗（Monte Carlo）及拉丁超立方抽样模拟溃坝洪水条件下，采用 Graham 法计算了 LOL；Peng 和 Zhang[63-64]通过分析洪水路径及其他不确定因素，构建了基于贝叶斯网络（Bayesian network，BN）的 LOL 分析模型，并将其应用于唐家山堰塞湖的风险评估；王君[65]根据我国已发生的溃坝事故的历史数据，基于可变模糊聚类迭代理论，建立了溃坝 LOL 预测模型，进而对大坝下游相应区域所对应的 PAR 死亡率进行了估算。

上述研究大多基于国外的某几项成果，结合我国一些统计资料进行回归分析或致灾机理分析来确定相关参数。但我国溃坝资料的缺乏，使其不得不面对小样本问题。溃坝风险后果影响因素多和统计资料不足之间的矛盾，导致上述方法在数学上存在很大的难度。另外，上述分析中常假设某些因素不变，与实际情况存在较大的差距，也限制了其准确性。

2. 半定量评价

李雷等[66]建议我国溃坝 LOL 估算方法研究应从调查已溃坝的 LOL 入手，研究估算溃坝 LOL 的经验公式，继而研究溃坝 LOL 的可靠度分析方法[67]；孙玮玮和李雷[68]采用主成分分析法计算大坝综合风险值，结合评价标准确定溃坝风险后果等级并对其进行排序；王晓航等[69]将洪水危险性、承灾体易损性、工程防御能力作为模型的指标，确定了各指标所包含的因子，探讨了各因子权重系数的分析方法，借助 GIS 技术和线性加权模型，构建了溃坝 LOL 预警综合评价模型；Sun 等[70]和 Zhou 等[71]提出了一种溃坝风险后果评价方法，该方法包含组合权重法和与危险水库风险等级的理想解相似的优先顺序技术，同时考虑了最佳和最差备选方案的标量值；Liu 等[72]针对传统洪水损失评估模型精度低、速度慢的缺点，提出了基于神经网络集成的洪灾损失评估技术路线，并运用层次分析法（analytic hierarchy process，AHP）对试验区的洪灾损失评价指标进行了分析和提取，并对影响因子进行了权重分配；王丽学等[73]采用溃坝风险后果综合评价函数，得出了小型震损水库溃坝风险后果严重程度的等级划分模型；邹强等[74]针对溃坝风险后果综合评价指标体系的模糊性与不确定性，建立了溃坝 LOL 和 LOE 综合评价的属性区间识别模型；李宗坤等[75]引入集对分析理论，从同、异、反三个角度分析溃坝风险后果与各事故等级的趋同程度，建立了溃坝风险后果影响因子权重计算模型[76]；Li 等[77]基于风险后果形成路径分析，采用可变模糊集理论进行了 LOL 评价；李巍等[78]用对数转换和边界约束的方法对可变模糊评价法隶属度的相关计算公式进行了优化和改善，提出了溃坝 LOL 的改进模型，解决了处理重要指标时可能出现的隶属度跃变问题。

上述成果的基本思路基于一定的数学方法，在构建评价指标体系的基础上，分析基础指标并进行赋值，采用递归计算等方式计算溃坝风险后果的评价值并进行等级划分（通常分为轻微、一般、中等、严重、极其严重五个等级）。其可有效用于不同溃坝风险后果严重程度的排序，但是并未给出各等级的对应值，即评价结果具体表示什么样的后果，属于半定量的评价。与此同时，由于尚没有较为统一的溃坝风险后果等级划分标准，大多数研究人员结合自己的理解和所采用分析模型的特点予以主观划分，评价结果仅可由自身评价模型获得，对其他评价模型则并不适用，通用性不足。

3. 区域损失叠加定量分析

因与被淹没区的社会、经济发展水平密切相关，溃坝风险后果呈现一定的地域性[79]。因此，国内许多学者开始采用分区域计算损失并进行叠加的方式分析溃坝风险后果。

王志军等[80-82]探讨了 GIS 支持下溃坝所造成的 LOL 和 LOE 的评估方法与实现过程；仇蕾等[83]基于极端洪水水文特性格网和社会经济特性格网，计算了极端洪水灾害的 LOE；杜群超[24]利用 ArcGIS 软件及数字高程模型（digital elevation model，DEM）数据将研究区域划分为小流域，根据简化计算出的溃坝洪水控制断面最大流量及洪水总量，结合 ArcGIS 软件的空间分析功能对各个区域的溃坝损失进行了估算；江迎[84]利用 DEM 数据和 ArcGIS 软件来计算上游的洪水总量及下游的淹没范围和水深，通过空间分布方法将社会经济财产的分布与洪水淹没区域进行叠加分析，根据不同水深下社会经济财产的损失率来获取最终的总体 LOE；杨胜梅等[85]利用空间信息技术对溃坝洪灾特征参数进行估算，绘制淹没人口空间分布图，结合溃坝洪灾 LOL 评估模型，实现了溃坝型洪灾损失的预测性定量评估；顾冲时和苏怀智[86]提出溃坝洪水直接 LOE 可采用分类损失率法、单位面积综合损失法和人均综合损失法进行计算；刘欣欣等[87]通过修正不同淹没区域的损失率来进一步提高溃坝造成的 LOE 的评估准确性；石振明等[88]采用地理信息工具快速获取坝址和上下游河道三维地形信息，基于文献[63]提出的 LOL 分析模块，构建了堰塞湖溃坝快速定量风险评估方法；Huang 等[89]基于致灾因素、孕灾环境、承灾体和救援条件四个方面的分析，构建了溃坝 LOL 分析模型。

相比于以往只考虑下游 PAR 总数和经济总量而不考虑其实际分布的分析，上述研究结合计算机模拟和 GIS 等手段分区域计算溃坝风险后果，准确性显著提高。但是实际应用中常常会面临行政区域（包含社会经济发展数据）和自然地理区域（包含淹没洪水数据）不一致的问题。因此，此类方法在对某一水库进行溃坝风险后果分析时，通过现场调研较容易实现基础数据的匹配，而在对大量水库进行溃坝风险后果分析时，则会面临数据采集工程量巨大的问题。

基于上述分析，将认可度较好的 Graham 法和 SDFLLEM 应用于我国的一些溃坝实例，并与李-周法的最优结果（根据参数人为取值的不同，该方法有多组分析结果，定义最接近实际损失的分析结果为最优结果）和实际损失进行对比[57]，如表 1.3 所示。

表 1.3　不同方法溃坝 LOL 计算结果对比　　（单位：人）

方法	洞口庙水库	李家咀水库（0～600 m内）	史家沟水库	沟后水库	刘家台水库	横江水库
Graham法	47	259	12	31	1 558	3 630
SDFLLEM	51	388	18	33	1 899	1 133
李-周法（最优结果）	158	596	40	100	1 039	1 112
实际损失	186	662	81	320	943	941

从表 1.3 可以看出，除刘家台水库外，与 Graham 法相比，进一步考虑房屋稳定性和 PAR 年龄分布等因素所构建的 SDFLLEM 分析结果与实际损失更接近，但仍存在很大差距。李-周法的最优结果与实际损失具有较好的一致性，但是考虑到构建分析模型所用案例数量不足，部分参数的取值仍存在很大随机性，因此需结合我国社会、经济发展情况进一步分析影响因素与溃坝风险后果的不确定性。

1.4.2　溃坝社会、环境影响分析

随着社会管理水平的不断提高，我国的研究人员已初步开展水库溃坝社会、环境影响方面的研究。王仁钟等[90]对环境影响要素进行了量化，并综合成环境影响指数；何晓燕等[91]在系统收集水库溃坝风险后果资料的基础上，建立了水库溃坝环境影响评价指标体系并提出了量化方法；冯迪江等[92]根据溃坝社会影响的特点及实际操作的需要，建立了溃坝社会影响评价指标体系，以及基于模糊灰色理论的溃坝社会影响评价模型；张莹[93]根据水库溃坝的特点，结合能值足迹理论提出了水库溃坝能值足迹的概念，并将其应用到水库溃坝的环境、生态损失评价中，提出了具体的计算方法和计算公式；李宗坤等[94]构建并细化了溃坝环境影响评价指标体系和评价等级标准，采用集对分析理论和可变模糊集理论分析了溃坝环境影响；Wu 等[95]对集对分析法进行了改进并将其应用于溃坝环境影响评估，以提高评价结果的精确度；Li 等[96]和 Zhang 等[97]分析了溃坝极端洪水对地形、地貌和生物多样性的影响。

与 LOL 或 LOE 相比，人们对溃坝环境影响的关注度较低[4]。另外，对于尾矿坝而言，水库溃坝产生的环境影响较小，因此溃坝环境影响分析起步较晚，研究成果也较少。此外，现有研究偏重分析的方法，缺乏对环境影响作用机理的分析，实际应用价值有待提高。

基于上述分析，相关研究人员在综合风险分析方面也进行了初步探索。孙玮玮和李雷[98]分别将主成分分析法和模糊数学理论应用于溃坝风险后果综合评价；周克发和李雷[99]将溃坝洪水损失变化与社会经济发展速度联系起来，构建了溃坝洪水损失动态预测评价模型；李雷等[67]依据现行法规，采用数学模型分析并提出了决定水库溃坝风险后果严重性的 3 个主要影响因子（LOL、LOE、社会及环境影响）的严重程度系数及其对数非线性和对数线性评价模型，构造了溃坝风险后果严重程度的综合评价模型；黄凌[100]结合洪水演进三维数值模拟获取的关键水情信息，分析了溃坝导致的 LOL、LOE、社会及环境影响；何晓燕和梁志勇[101]对溃坝 LOL、LOE、社会及环境影响和可接受风险的主要计算方法进行了分析评价，并对我国今后加强水库溃坝风险后果和可接受风险标准的研究提出了建议；李宗坤等[102]考虑不同溃坝风险后果权重的不同，构建了基于变权集对-可拓耦合模型的溃坝风险后果综合评价模型。上述研究同时考虑多种溃坝风险后果，并对其量化组合进行了综合评价，但是依然缺乏对溃坝风险后果本身的定量分析。

总地来说，我国研究人员针对水库溃坝风险后果特别是 LOL、LOE 开展了不少研究，但是限于国内较为完整的大坝事故损失统计资料较为缺乏，案例类型及数量不足，从数理统计角度建立比较科学的溃坝风险后果模型存在不少困难，至今尚未出现得到广泛认可及具有很好实用性的研究成果[4]。此外，与估算 LOL、LOE 的研究成果相比，对大坝失事导致的社会及环境影响的研究则明显不足。

1.5 本章小结

本章主要对水库溃坝风险后果进行了简要说明。首先介绍了水库溃坝风险后果的内涵与分类，然后从现实和理论两方面分析了开展水库溃坝风险后果分析的意义与价值，最后总结了国内外水库溃坝风险后果的研究成果及现状，为后续研究奠定了坚实的基础。

第 2 章

基于突变理论的溃坝 LOL 和 LOE 风险快速评价

2.1 概　　述

LOL 和 LOE 是目前溃坝风险后果中最被人们关注的一个方面。从理论上来说，对溃坝洪水严重性、预警时间、人们的风险意识及洪水淹没区域的易损性等影响因素进行细致的量化分析，可有效提高潜在溃坝 LOL 和 LOE 计算的准确性。但是受限于水库大坝数量巨大的现实，在数年甚至数十年的时间对所有水库大坝进行细致的溃坝洪水模拟和潜在下游淹没区域状态调查与分析是不现实的。与此同时，溃坝洪水受不断变化的复杂环境影响，具有突发性、快速性和应急性等特点。在时间紧急或溃坝参数无法快速获得的情况（如溃坝区域洪水淹没严重，难以在短时间内到达现场准确获得全部或主要参数）下，较为细致的经验模型或物理模型难以有效应用。

因此，本章提出一种快速评价潜在溃坝风险后果的方法。从致灾因子、孕灾环境和承灾体 3 个方面，选择 8 个关键且易于获得的指标进行标准化处理；在定性分析相关指标相对重要性的基础上，采用突变评价法计算潜在溃坝 LOL 和 LOE 的风险值，为大量水库大坝风险快速评价提供依据。

2.2 突变评价法

2.2.1 突变理论

法国数学家汤姆（Thom）于 1972 年在《结构稳定性和形态发生学》（*The Stability of Structure and Morphogenesis*）中系统阐述了突变理论，标志着突变理论的正式诞生[103]。突变理论用来考察控制变量改变时，系统从一个状态向另一个状态的跃迁。通过研究状态函数（势函数）$F(x)$的极小值变化问题，确定分类临界点附近非连续变化状态的特征[104]。利用归一公式对状态变量(X, Y)进行量化，再通过势函数进行递归计算即可求出系统突变评价值[105]。

突变是突然的变化，是系统对外部条件的光滑变化而做出的突然响应。突变理论起源于光滑映射的惠特尼（Whitney）奇异性理论和动力学系统的平衡态庞加莱–安德罗诺夫（Poincaré-Andronov）分岔理论[106]。

1. 光滑映射的惠特尼奇异性理论

1955 年，美国数学家惠特尼发表了一篇题为《光滑映射到平面内》（Smooth Mapping to the Plane）的文章，奠定了一个新的数学理论——光滑映射的惠特尼奇异性理论的基础。

一曲面在一平面上的映射是将曲面的每一点与平面上的一点联系起来。如果曲面上一点由曲面上的坐标(x_1, x_2)给出，平面上一点由平面上的坐标(y_1, y_2)给出，那么映射由两个函数 $y_1=f_1(x_1, x_2)$和 $y_2=f_2(x_1, x_2)$给出。如果这些函数是光滑的（即可以求足够多次微分，如多项式），可以说此映射是光滑的。

奇异性就是指函数不连续或导数不存在，表现出奇异性的点称为奇异点。常见的大多数物体被光滑表面所包围，物体的可见轮廓就是它们的边界表面在眼睛视网膜上的投影。惠特尼观察到一般情况下大多数奇异性在物体的小运动或投影方向的小改动下发生分解，只有两种奇异性是稳定的，它们在映射做小变形后保持不变。

惠特尼将第一种奇异性称为折叠。当球体向某一平面投影时，处于球赤道的点出现折叠奇异性，如图 2.1 所示。在适当的坐标系中，这一映射可由 $y_1=x_1^2$，$y_2=x_2$ 两式给出，图 2.1 中 f 为势函数。光滑物体表面投影到视网膜上时，在一般点上总有这样奇异性。

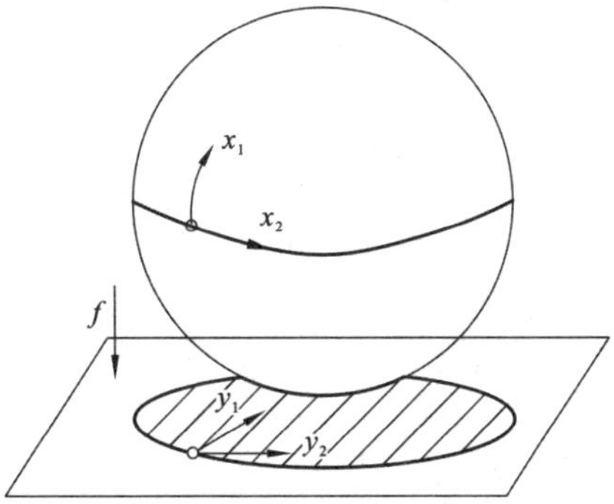

图 2.1　折叠奇异性

惠特尼将第二种奇异性称为尖点（或尖拐）。这种奇异性是人们常常遇到却很少注意的，它出现在曲面投影到平面上时，如图 2.2 所示。相对丁空间坐标(x_1, x_2, y_1)和在(y_2, y_1)水平面上的投影，这个曲面可由方程 $y_1=x_1^2+x_1x_2$ 给定。

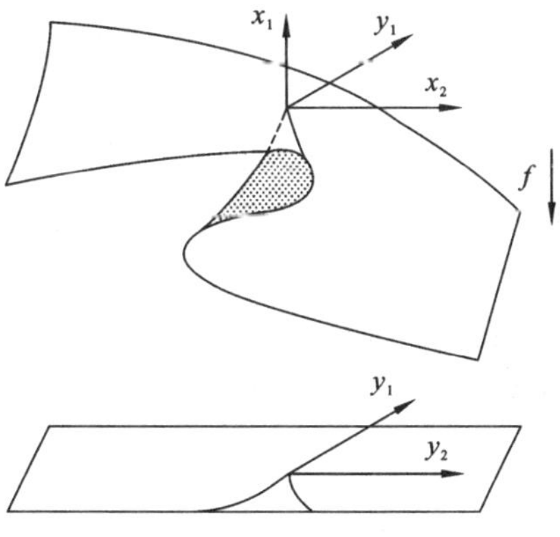

图 2.2　尖点奇异性

2. 动力学系统的平衡态庞加莱-安德罗诺夫分岔理论

动力学系统的平衡态庞加莱-安德罗诺夫分岔理论是研究分岔现象的特性和产生机理的数学理论。对于某些完全确定的非线性系统，当系统的某一参数 μ 连续变化到某个临界值 μ_c 时，系统的全局性性态（定性性质及拓扑性质等）会发生突然变化。μ_c 称为参数 μ 的分岔值或分枝值。

一个进化过程在数学上用相空间的矢量场来描述，相空间中的一点代表了系统的一个状态，这一点的矢量指示出这个状态的改变速度。用一个过程的一系列状态追踪得到的相空间的曲线叫作相曲线。在非平衡点的邻域内，相曲线对相空间的分割就像平行线的分割，通过坐标的一个光滑变化，相曲线族能够被变换成平行线族。在平衡点邻域内，图像就比较复杂，庞加莱证明[106]：对于一个一般系统相平面上的平衡点，它的邻域内的相曲线行为如图 2.3 所示。其他更复杂的情况在系统的一般小扰动后，变成图 2.3 所示多种情况的组合。

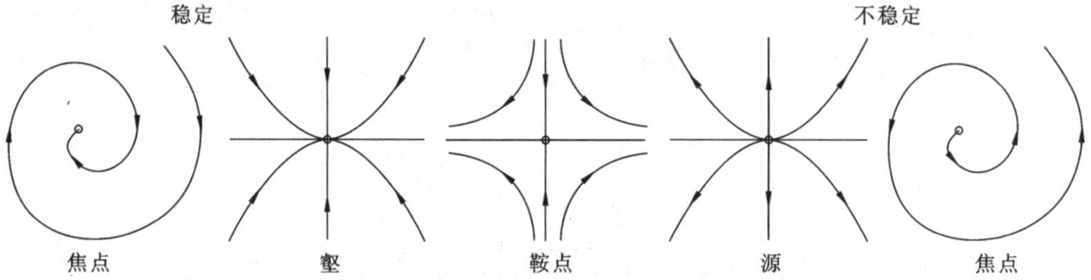

图 2.3　平衡点邻域内的相曲线行为

事实上，这种系统总是依赖于一些从未准确知道的参量，参量的一般小变化把不是一般性的系统变换成一般性的系统。然而，当考虑的是某个系统族而不是单一系统时，退化情况不能消除。庞加莱提出：一定不能把对退化系统的研究限制在退化发生时刻的那一点图像上，必须包括当参量经过退化值时对所产生的重新组合的表述[106]。

对于一般单参量系统族，所有参数值的平衡态形成一条光滑曲线，该曲线在参数轴上的投影具有折叠奇异性。在一般两参量系统族中，平衡曲面 M 在参量平面上的投影可能有尖点，在尖点处三个平衡态合并。对于多参量系统族，惠特尼理论的奇异性会更加复杂。

如果一个稳定平衡态描述了某个真实系统（如经济学、生态学或化学）中确定的条件，那么当它与一个非稳定平衡态合并时，系统一定会跳到一个完全不同的状态；随着参量的改变，所考虑邻域内的平衡条件会突然消失，这种跳跃正是突变理论。

突变理论的基础涉及拓扑学和奇点理论等深奥的数学知识，但其应用模型较为简单，以其为基础的突变评价法可有效应用于多目标评价和多目标决策。突变评价法在根据系统内在作用机理构建评价指标体系的基础上，汲取模糊综合评价法的优点[107]，通过对分岔集的归一化处理得到一种突变模糊隶属度函数[108]，根据各目标在归一公式中的内在矛盾和机制来量化其相对重要性，最后采用递归计算得到突变评价值。突变评价法有效弥补了模糊综合评价法的不足，也避免了专家个人偏好对评价结果客观性造成的不利影响，该方法已广泛应用于多个研究领域[109]，包括水资源评估[110]、绘制洪水易感图[111]、铁路系统的安全分析[112]和非平衡相变过程的定量分析[113]。

2.2.2　常用的突变模型

汤姆指出，当控制变量不超过 4 个（人们所处的时空共有四维，即三维空间加上一维时间，因而描述系统状态的势函数的控制变量一般不超过 4 个）时，势函数不超过 7 种形式[104]。这 7 种势函数所对应的突变模型被称为初等突变，包括折叠突变、尖点突变、燕尾突变、蝴蝶突变、椭圆脐点突变、双曲脐点突变和抛物脐点突变[103]。前 4 种突变模型较为常见且应用最为广泛，如表 2.1 所示。

表 2.1　常用的 4 种突变模型

突变模型	示意图	归一公式
折叠突变		$x_a=a^{1/2}$
尖点突变	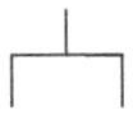	$x_a=a^{1/2}$，$x_b=b^{1/3}$
燕尾突变		$x_a=a^{1/2}$，$x_b=b^{1/3}$，$x_c=c^{1/4}$
蝴蝶突变		$x_a=a^{1/2}$，$x_b=b^{1/3}$，$x_c=c^{1/4}$，$x_d=d^{1/5}$

注：突变模型的内在机理决定控制变量的重要性应从左至右依次降低。x_a、x_b、x_c、x_d 为基础数据；a、b、c、d 为模型参数，需根据实际数据进行确定。

突变模型中，势函数 $F(x)$的所有临界点集合成一平衡曲面 M。通过对势函数求阶导数并令 $F'(x)=0$，即可得到该平衡曲面方程。在此基础上[114]，令 $F''(x)=0$，即可得到分岔集 B。通过反映状态变量和控制变量间关系的分解形式的分岔集 B，可导出归一公式[115]。

1. 折叠突变

折叠突变的控制变量和状态变量均为一维。

势函数 $F(x)$如式（2.1）所示。

$$F(x)=x^3/3+ax \tag{2.1}$$

平衡曲面 M 如式（2.2）所示。

$$x^2+a=0 \tag{2.2}$$

分岔集 B 如式（2.3）所示。

$$\begin{cases} x^2+a=0 \\ 2x=0 \end{cases} \Rightarrow a=0 \tag{2.3}$$

折叠突变的平衡曲面 M 与分岔集 B 的形状如图 2.4 所示。

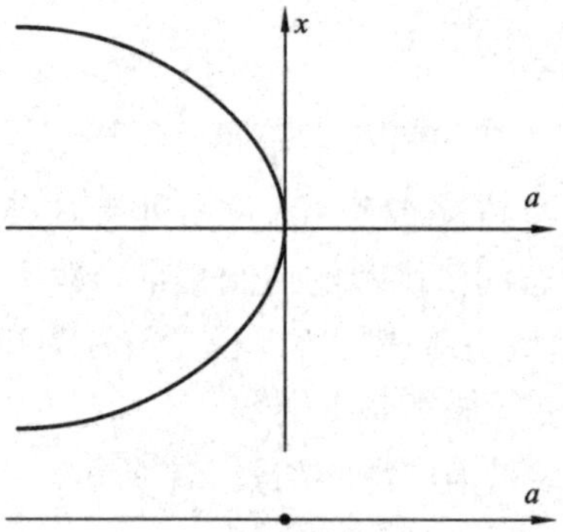

图 2.4　折叠突变的平衡曲面和分岔集[105]

2. 尖点突变

尖点突变的控制变量为二维，状态变量为一维。

势函数 $F(x)$如式（2.4）所示。

$$F(x)=x^4/4+ax^2/2+bx \tag{2.4}$$

平衡曲面 M 如式（2.5）所示。

$$x^3+ax+b=0 \tag{2.5}$$

分岔集 B 如式（2.6）所示。

$$\begin{cases} x^3+ax+b=0 \\ 3x^2+a=0 \end{cases} \Rightarrow \begin{cases} a=-3x^2 \\ b=2x^3 \end{cases} \tag{2.6}$$

尖点突变的平衡曲面 M 与分岔集 B 的形状如图 2.5 所示。

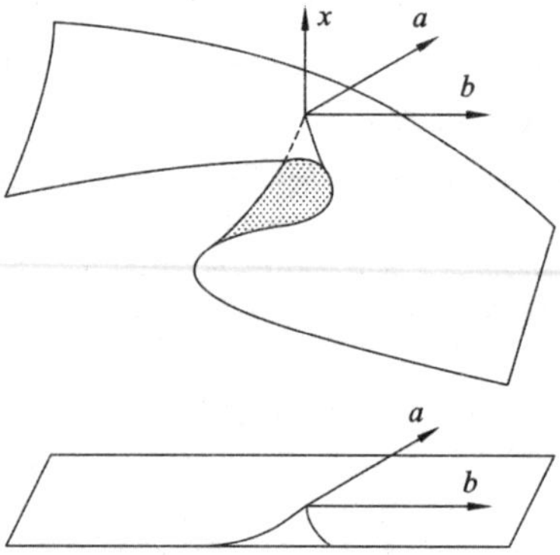

图 2.5　尖点突变的平衡曲面和分岔集[105]

3. 燕尾突变

燕尾突变的控制变量为三维，状态变量为一维。

势函数 $F(x)$如式（2.7）所示。

$$F(x)=x^5/5+ax^3/3+bx^2/2+cx \tag{2.7}$$

平衡曲面 M 如式（2.8）所示。

$$x^4+ax^2+bx+c=0 \tag{2.8}$$

分岔集 B 如式（2.9）所示。

$$\begin{cases} x^4+ax^2+bx+c=0 \\ 4x^3+2ax+b=0 \end{cases} \Rightarrow \begin{cases} a=-6x^2 \\ b=8x^3 \\ c=-3x^4 \end{cases} \tag{2.9}$$

燕尾突变的平衡曲面 M 是四维空间超曲面，难以用图形来具体表达。当 $a \geqslant 0$ 时，势函数有极小值；当 $a<0$ 时，势函数有极大值，在 $b=0$、$c<0$ 处系统会出现突变。分岔集截线如图 2.6 所示。

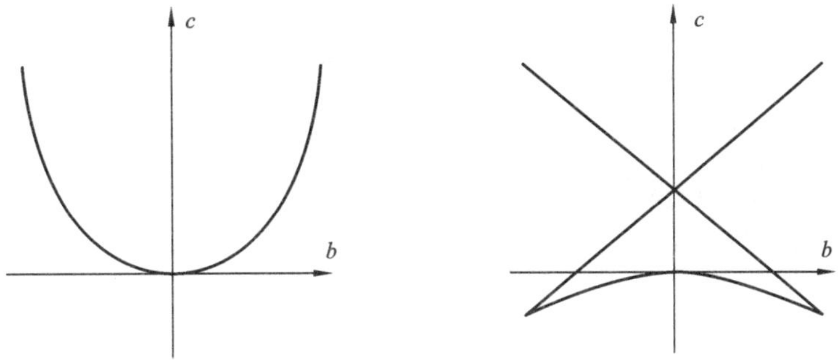

（a）$a \geqslant 0$　　（b）$a<0$

图 2.6　燕尾突变的分岔集截线[105]

4. 蝴蝶突变

蝴蝶突变的控制变量为四维，状态变量为一维。

势函数 $F(x)$如式（2.10）所示。

$$F(x)=x^6/6+ax^4/4+bx^3/3+cx^2/2+dx \tag{2.10}$$

平衡曲面 M 如式（2.11）所示。

$$x^5+ax^3+bx^2+cx+d=0 \tag{2.11}$$

分岔集 B 如式（2.12）所示。

$$\begin{cases} x^5+ax^3+bx^2+cx+d=0 \\ 5x^4+3ax^2+2bx+c=0 \end{cases} \Rightarrow \begin{cases} a=-10x^2 \\ b=20x^3 \\ c=-15x^4 \\ d=4x^5 \end{cases} \tag{2.12}$$

蝴蝶突变的控制变量为四维，相空间为五维，其分岔集无法画出。但是可以通过绘制其三维截线和二维截线的方法来汇总成平衡曲面。当 $b=0$，$a<0$ 时，其平衡曲面 M 如图 2.7 所示；当 $a>0$ 时，蝴蝶突变的平衡曲面 M 与尖点突变相同。

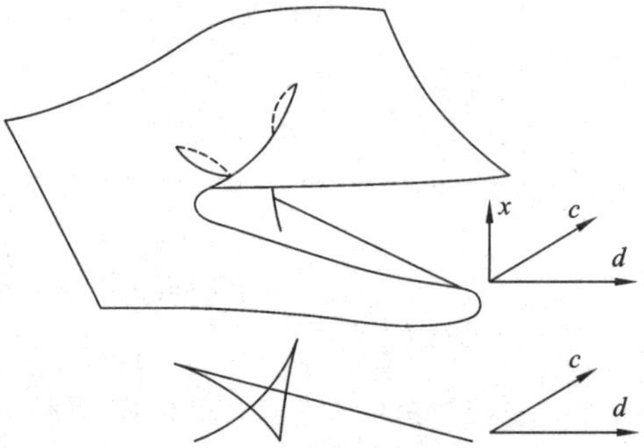

图 2.7 $b=0$，$a<0$ 时蝴蝶突变的平衡曲面[105]

2.3 溃坝风险后果评价

2.3.1 指标选取的原则

1. 指标的独立性

影响溃坝风险后果的许多因素之间相互关联，若将相互联系的各因素同时选为评价指标，将对评价结果产生负面影响。此外，并不是所有的因素都会直接影响溃坝的后果，而是通过其他因素间接产生作用[43]。因此，应在分析各影响因素内在联系及其对溃坝风险后果作用机理的基础上，选择有效的基本指标或直接指标进行评价。

2. 指标的有效性

一些指标具有很大的不确定性（如溃坝发生的时间及溃坝时的天气），在溃坝真正发生之前很难准确预测这类指标的状态或概率，无法为采取风险控制措施提供参考或依据。此外，已有的研究结果表明，上述因素在影响溃坝风险后果方面的重要性较低[72]。在构建评价指标体系时，应剔除或忽略此类不重要或者无效的指标。

3. 指标的实用性

一些指标共同作用导致溃坝，从而产生 LOL 或 LOE。例如，溃坝导致的洪水的水深和流速，反映了溃坝洪水的严重程度。此类指标在针对某一个或某一些水库进行分析时，可通过测绘、水力学分析，结合 GIS、遥感（remote sensing，RS）和计算机模拟等技术手段确定，但在进行大量水库溃坝风险后果快速评价时很难实现。相比较而言，直接影响溃坝洪水水深和流速的指标水库库容与坝高则容易获得。因此，选取这两个指标作为基础指标更为直观，也更具有实用性。

4. 定性与定量相结合

与预警时间（T_W）这类易于量化的指标不同，溃坝理解程度（U_B）难以直接量化，但是此类指标对溃坝 LOL 和 LOE 有着极其重要的作用。因此，需秉持定性与定量相结合的原则，构建溃坝 LOL 和 LOE 风险快速评价指标体系，并在构建评价模型时有针对性地予以分析。

2.3.2 评价指标体系

结合灾害科学理论[76]，影响溃坝风险后果的主要对象可分为三类：致灾因子、孕灾环境和承灾体。因此，可以根据产生溃坝风险后果的逻辑过程，从这三个方面确定影响溃坝风险后果的评价指标，如图 2.8 所示。

图 2.8 溃坝风险后果形成的逻辑过程

1. 致灾因子

溃坝洪水严重性（S_F）主要体现在水深、流速和洪水上升速率上。由于地形和坝址之间的距离不同，对于同一溃坝事件而言，这些指标的取值也不尽相同。尽管已发生的历史洪水事件在时间和地理位置上存在差异，但决定 LOL 的主要因素具有很大的相似性[42]。因此，可以选择水库库容（C_R）和坝高（H_D）作为基本指标来表征溃坝洪水严重性，即致灾因子。

2. 孕灾环境

对于某一确定的大坝而言，影响溃坝损失率的关键因素是 T_W 和建筑物易损性（V_B）[42]。T_W 是发出警告时刻和溃坝时刻之间的时间跨度。V_B 主要取决于建筑物的材料和形状（钢筋混凝土结构和砖石结构的房屋比木质或土坯结构的房屋在溃坝洪水中具有更好的稳定性）。此外，通常情况下，高层建筑可以为洪水中的人们提供更安全的庇护所。

3. 承灾体

1）LOL

PAR 是 LOL 的主要直接影响因素。U_B 直接影响自救和紧急疏散，从而影响溃坝造成的死亡率。

2）LOE

经济风险量（economy at risk，EAR）是 LOE 的主要直接影响因素。由于易损性不同，农业、工业和服务业等产业类型（T_I）对 LOE 有很大的影响。此外，与 PAR 相比，EAR 难以快速转移，因此 LOE 对 T_W 的敏感性显著低于 LOL。

基于上述分析，结合突变评价法对于从左至右指标的重要性应逐步降低的要求，可构建溃坝 LOL 和 LOE 风险快速评价指标体系，如图 2.9 所示。

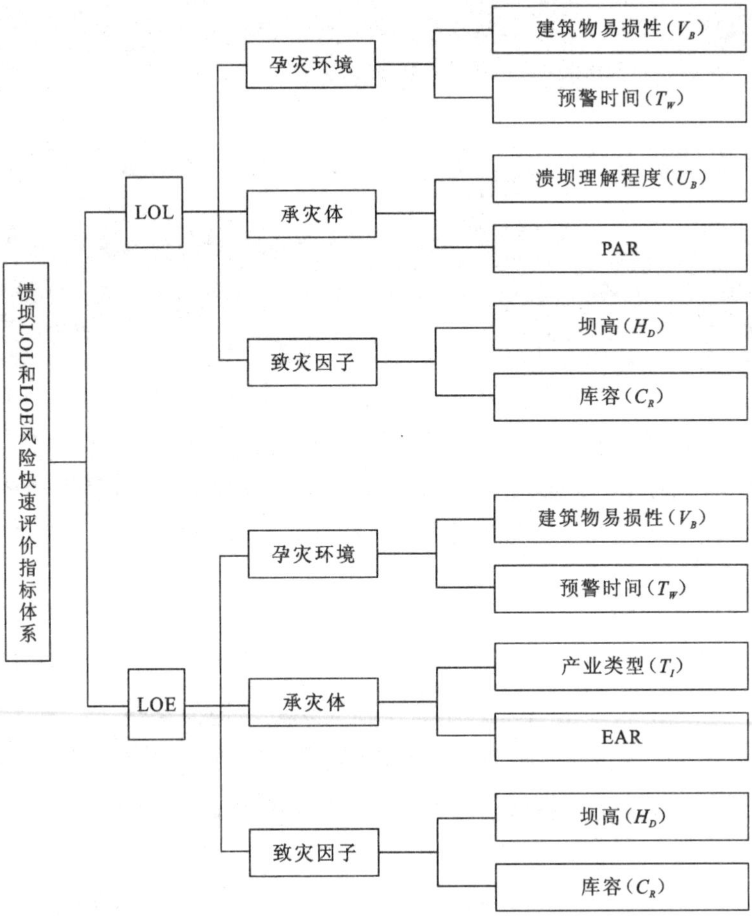

图 2.9　溃坝 LOL 和 LOE 风险快速评价指标体系

2.3.3　指标的标准化

为便于分析，考虑快速评价的特点，结合已有研究成果[70]，可将指标分为{轻微；一般；中等；严重；极其严重}∈{[0,0.2)；[0.2,0.4)；[0.4,0.6)；[0.6,0.8)；[0.8,1]}五个等级。

虽然影响溃坝风险后果的工程因素是一致的，但是社会因素却不尽相同，因此不同国家影响溃坝风险后果指标的特点存在较大差异。本书以我国为例，分析评价指标的取值和标准化问题。

具有确定值的 H_D 是影响溃坝风险后果的重要因素之一。一般来说，在 $H_D \geqslant 100$ m 的情况下，溃坝的后果会非常严重[116]。因此，提出坝高标准化公式，如式（2.13）所示。

$$R_{H_D}=\begin{cases}\dfrac{H_D}{100}, & 0<H_D<100\\ 1, & H_D\geqslant 100\end{cases} \tag{2.13}$$

式中：R_{H_D} 为指标 H_D 的标准值。

有些指标通常处于一个相对确定的范围，其标准值可根据相应严重程度的阈值进行插值计算。其他一些指标则是定性的，其标准值可在确定严重程度的基础上根据经验和工程实践进行人为确定。

根据水库库容，我国将大坝分为五类：小（2）型、小（1）型、中型、大（2）型和大（1）型[117]。《防洪标准》（GB 50201—2014）规定了不同类型水库的保护人口和相应的保护等效经济规模[118]。一般来说，受水库大坝保护的人口等于 PAR。此外，该标准提出用当量经济规模（该指标值具有很好的长期稳定性）代替绝对经济量来反映处于风险中的经济量，以保证标准在不断发展的经济环境下可在较长的时间内具有适用性。当量经济规模由保护区人口、保护区人均国内生产总值和同期全国人均国内生产总值确定，如式（2.14）所示。

$$\text{当量经济规模}=\frac{\text{保护区人口}\times\text{保护区人均国内生产总值}}{\text{同期全国人均国内生产总值}} \tag{2.14}$$

我国各类水库的主要特征如表 2.2 所示。

表 2.2　我国各类水库的主要特征

特点	小（2）型	小（1）型	中型	大（2）型	大（1）型
C_R/百万m³	[0.1, 1)	[1, 10)	[10, 100)	[100, 1 000)	[1 000, ∞)
PAR/百万人	[0, 0.05)	[0.05, 0.2)	[0.2, 0.5)	[0.5, 1.5)	[1.5, ∞)
EAR/百万元	[0, 0.1)	[0.1, 0.4)	[0.4, 1)	[1, 3)	[3, ∞)

根据对溃坝风险后果严重程度的影响，U_B 和 T_W 也可分为五个等级[63]。

LOL 方面，不同类型的建筑物，如泥土、砖砌、砖混凝土、钢筋混凝土和高层（主要由钢筋混凝土建造）建筑，由于在溃坝引起的洪水中的稳定性不同，能够为有风险的人群提供具有不同易损性的避难所[119]。

LOE 方面，由于不同类型产业的自身特点，对洪灾的敏感性由高到低依次为农业、工业和服务业。因此，可初步提出相关指标的对应等级，如表 2.3 所示。

表 2.3 相关指标对应等级

指标	轻微 [0, 0.2)	一般 [0.2, 0.4)	中等 [0.4, 0.6)	严重 [0.6, 0.8)	极其严重 [0.8, 1]
C_R/百万m^3	[0.1, 1)	[1, 10)	[10, 100)	[100, 1 000)	[1 000, ∞)
PAR/百万人	[0, 0.05)	[0.05, 0.2)	[0.2, 0.5)	[0.5, 1.5)	[1.5, ∞)
U_B	明确	中等	一般	模糊	未知
T_W/h	[6, ∞)	[3, 6)	[1, 3)	[0.25, 1)	[0, 0.25)
V_B	高层	钢筋混凝土	砖混凝土	砖砌	泥土
EAR/百万元	[0, 0.1)	[0.1, 0.4)	[0.4, 1)	[1, 3)	[3, ∞)
T_I	服务业	服务业-工业	工业	工业-农业	农业

2.3.4 评价步骤

（1）根据统计数据和现场调查确定所有指标的值。

（2）根据指标的特点对指标进行标准化处理。

“越大越好”指标和“越小越好”指标可分别用式（2.15）和式（2.16）进行标准化处理。

$$R_i = \frac{r_i - r_{\min}}{r_{\max} - r_{\min}} \tag{2.15}$$

$$R_i = \frac{r_{\max} - r_i}{r_{\max} - r_{\min}} \tag{2.16}$$

式中：R_i 为指标 i 的标准值；r_i 为指标 i 的初始值；$r_{\max}$ 和 $r_{\min}$ 分别为所有指标 i 中的最大值和最小值。

（3）根据突变类型，采用相应的递归公式分层计算突变值。

2.4 实例分析

2.4.1 方法有效性验证

1. 基本参数

将该方法的计算结果与历史上发生过的 10 次溃坝事件所导致的溃坝风险后果进行对比。由于缺乏 LOE 的统计数据，仅采用 LOL 进行严重程度评价。10 座水库溃坝事件的相关参数如表 2.4 所示。

表 2.4　10 座水库溃坝事件的相关参数

水库名称	省份	年份	C_R/百万m^3	H_D/m	PAR/人	U_B	T_W/h	V_B
龙屯水库	辽宁省	1959	30.00	9.5	35 428	模糊	0.00	泥土
刘家台水库	河北省	1963	40.54	35.9	64 941	模糊	1.00	泥土
横江水库	广东省	1970	78.79	48.4	70 000	明确/模糊	0.25	砖砌/泥土
洞口庙水库	浙江省	1971	2.55	21.5	4 700	模糊	0.00	砖砌/泥土
李家咀水库	甘肃省	1973	1.45	25.0	1 034	模糊	0.00	泥土
史家沟水库	甘肃省	1973	0.856	28.6	300	模糊	0.40	泥土
沟后水库	青海省	1993	3.30	71.0	30 000	模糊	0.00	砖砌/泥土
小湄港水库	湖北省	1995	0.14	10.9	1 400	模糊	0.00	砖砌/泥土
沈家坑水库	浙江省	2012	0.24	28.5	300	中等	0.00	砖混凝土
射月沟水库	新疆维吾尔自治区	2018	6.78	37.7	5 600	明确/中等	0.00	砖混凝土

2. 结果对比

根据尖点突变和燕尾突变，建立反映上述 10 座水库溃坝严重程度的评价指标体系并计算评价结果。将实际 LOL 与计算出的评价结果进行对比，如表 2.5 和图 2.10 所示。

表 2.5 溃坝损失的严重性评价与实际 LOL 对比

项目	龙屯水库	刘家台水库	横江水库	洞口庙水库	李家咀水库
实际 LOL/人	707	943	941	186	662
评价结果	0.868	0.893	0.894	0.840	0.841
项目	史家沟水库	沟后水库	小湄港水库	沈家坑水库	射月沟水库
实际 LOL/人	81	320	34	11	28
评价结果	0.829	0.870	0.774	0.771	0.821

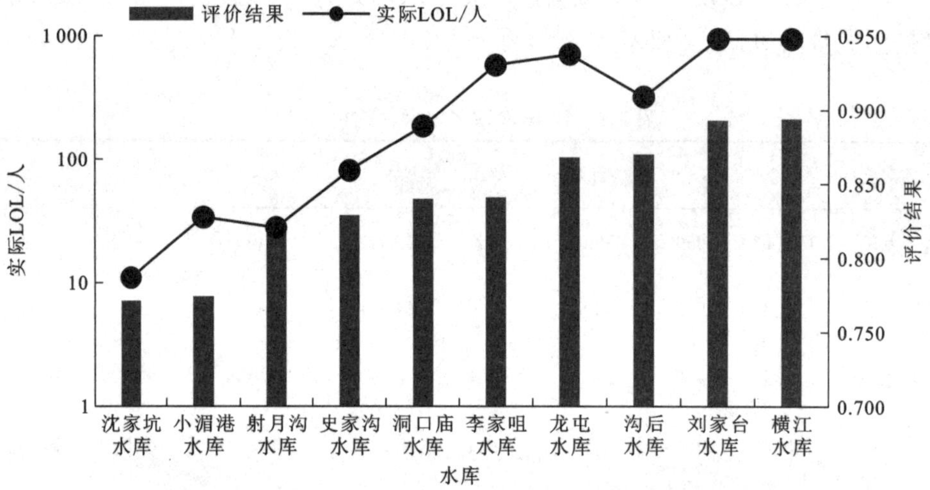

图 2.10 用于验证的水库溃坝评价结果（实际 LOL 以对数标度绘制）

（1）根据图 2.10 可知，射月沟水库和沟后水库溃坝风险后果的突变评价结果与其他 8 个验证水库实际 LOL 趋势明显不一致，这是由特定的溃坝条件造成的。射月沟水库是局部破坏，而不是完全溃坝，其 LOL 的严重程度相比于完全溃坝较低。沟后水库和其他水库的 PAR 分布存在较大差异，是由于溃坝引起的洪水直到 1.5 h 后才到达距离大坝 13 km 的最近居民区，溃坝风险后果的严重程度大大降低，相应的 LOL 也相对低于预期。

（2）根据表 2.5 和图 2.10，在突变结果评价中，严重程度由高到低依次为横江水库、刘家台水库、沟后水库、龙屯水库、李家咀水库、洞口庙水库、史家沟水库、射月沟水库、小湄港水库、沈家坑水库，除 LOL 分别为 943 人、941 人、28 人、34 人的刘家台水库、横江水库、射月沟水库、小湄港水库外，其余水库溃坝风险后果严重程度的规律与实际情况基本一致。事实上，由于洪水本身和 PAR 社会群体的复杂性，溃坝引起的最有可能的 LOL 具有一定的不确定性。4～6 个死亡人数的差异并不能有效表征溃坝风险后果严重程度的差异，所以本书提出的方法可以有效地应用于溃坝风险后果的快速评估。

（3）与基于大坝下游不同位置洪水深度、流速和上升速度来计算分析溃坝风险后果的传统方法相比，本书提出的方法可以有效地基于一些易于得到的基本参数来快速确定溃坝风险后果的严重性。该方法适用于下游资料有限的水库大坝，也可以有效地快速评估大量水库的溃坝风险后果，与传统方法相比，将会节省大量的资金和时间。

2.4.2　模拟应用

1. 工程概况

某水库位于淮河流域沙颍河水系贾鲁河的上游，坝址位于河南省省会郑州市西南区域，距郑州市市区约 6 km。水库大坝控制流域面积 113 km^2，土石坝高 37.1 m，总库容为 6 070.41 万 m^3，是一座以城市供水为主，兼顾防洪、灌溉等功能的中型水库。该水库位于郑州市市区上游，下游有 PAR 约 20 万人，还有国家级郑州高新技术产业开发区及陇海铁路、京广铁路和水厂、电厂等供水能源设施。因此，该水库的防洪位置十分重要，在管理过程中其自身等别被提高了一个等级，并于 1975 年被列入大型水库管理名录。该水库的主体工程由大坝、泄洪洞、溢洪道、坝下放水管、副坝（原非常溢洪道堵坝），以及库区上游侯寨公路桥、溢洪道上双曲拱桥及节制闸等建筑物组成。

该水库设计洪水标准为 100 年一遇，校核洪水标准为 5 000 年一遇。根据河南省防汛抗旱指挥部编制的《河南省大型及重点中型水库 2007 年汛期调度运用计划》，水库汛期调度运行方式为：主汛期 6 月 21 日～8 月 15 日，汛限水位为 150.55 m，库水位超过 150.55 m 时输水洞闸门全开泄洪；库水位超过溢洪道底部高程 154.75 m 时溢洪道自由泄洪。

2. 评价结果

分析五种工况下该水库大坝的潜在溃坝 LOL，如表 2.6 所示。

表 2.6　某水库大坝五种工况下的潜在溃坝 LOL

项目	工况1	工况2	工况3	工况4	工况5
U_B	模糊/未知	模糊/未知	中等	中等	中等
T_W/h	0	1	0	1	6
评价结果	0.900	0.887	0.880	0.867	0.835

为便于确定不同工况下的溃坝风险后果严重程度，选取上述部分历史溃坝事件进行评价结果对比分析，如图 2.11 所示。

（1）由图 2.10 和图 2.11 可知，当 U_B 为模糊/未知、T_W 为 0 时，该水库溃坝风险后果（0.900）略高于横江水库（0.894），其死亡人数为 941 人。当 U_B 为中等、T_W 为

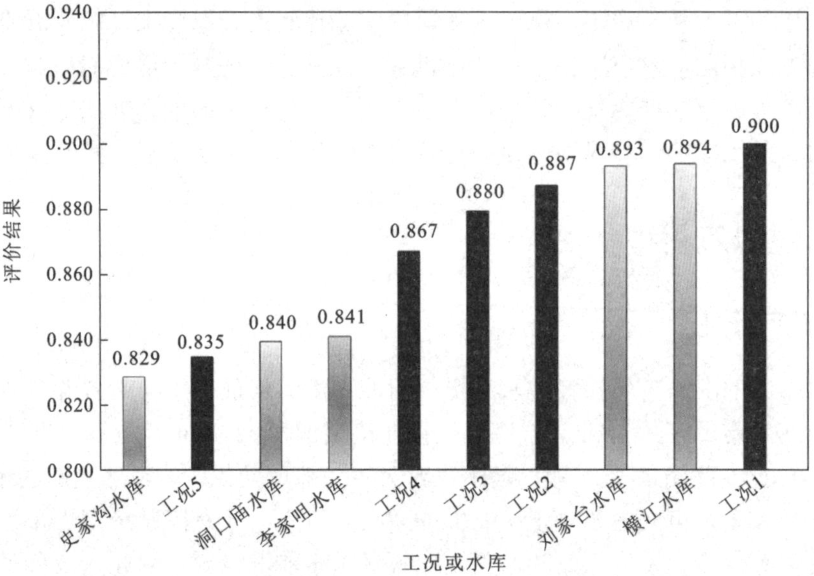

图 2.11　某水库不同工况下溃坝风险后果与历史溃坝事件对比

6 h 时，该水库的溃坝风险后果（0.835）介于史家沟水库（0.829）和洞口庙水库（0.840）之间，死亡人数分别为 81 人和 186 人。因此，在该水库的风险管理中，应采取以提高 U_B 和 T_W 为重点的风险管理措施，从而降低潜在溃坝 LOL。

（2）由于突变评价法中变量的重要性应从左到右依次降低，所以本书提出方法的准确性受指标体系的影响较大。然而，不同水库的主要功能不同，不同国家的标准和准则也存在差异。因此，应根据具体情况对指标的选择和处理进行相应的调整，以保证该方法的科学性和实用性。此外，地形可显著增强溃坝洪水的破坏力，本书并未考虑这一因素，因此，应该根据洪水模拟对高山峡谷地区水库大坝潜在溃坝风险后果进行具体分析。

2.5　本章小结

溃坝导致的洪涝灾害已经引起水利工程师和决策者的日益关注。已有的一些方法并不适用于潜在大坝溃决工况下的溃坝风险后果快速评估，特别是不适用于大量水库大坝的溃坝风险后果评估。因此，本章提出了一种基于突变理论的快速评价方法。结合突变理论的特点，确定了指标选取的原则。选取影响潜在溃坝风险后果显著且易于获得的 8 个指标建立评价指标体系，并根据其相对重要性将其分为轻微、一般、中等、严重、极其严重五个等级。根据我国的大坝管理标准和准则，采用 10 个历史溃坝事件进行分析，验证了该方法的准确性。以某实际水库大坝为例，论证了各种工况下的潜在溃坝 LOL，为大坝风险管理提供参考和依据。

第3章

基于 AHP-BN 法的溃坝 LOL 风险评价

3.1 概　　述

随着社会、经济的不断发展，人们对于溃坝 LOL 评价逐步有了更高的精度需求。与此同时，社会统计数据精确度和获取便捷性的不断提高，为这种需求的实现提供了有效支撑。尤其是在对单一或数量不多的水库大坝进行风险评价时，可通过调查统计、物理模型分析等多种方式，进一步量化影响溃坝 LOL 的因素。

考虑到在对潜在 LOL 风险进行评估时，一些情况发生的可能性低，可一旦发生将会造成严重的 LOL，一些情况发生的可能性较大，但是对 LOL 的影响很小，本书提出了采用 AHP 量化溃坝 LOL 影响因子的重要性，并用 BN 计算各指标概率值的方法，来评价溃坝 LOL 风险，从而进一步提高评价结果的合理性与可靠性。

与 LOL 相比，准确的 LOE 统计存在较大难度，主要是因为很多时候间接 LOE 的计算十分困难，导致评价结果难以得到较好的验证。因此，本章主要针对溃坝 LOL 风险开展研究。

3.2 溃坝 LOL 评价指标体系的构建

溃坝 LOL 评价模型涉及的指标繁多且复杂，既有定性指标，又有定量指标，且部分指标受到工程因素和人为因素的共同作用。考虑到影响溃坝 LOL 因素的类型，结合本书采用的 AHP-BN 法的特性，选择评价指标应遵循以下原则[120]。

（1）科学性：选取的指标应能对溃坝 LOL 进行客观、准确的描述。

（2）系统性：选取的指标能在各个部分形成一个有机的整体，且具有一定的层次性。

（3）典型性：选取的指标应具有代表性。例如，溃坝洪水的危险性与洪水严重性（S_F）、流量、淹没区域和淹没历时等因素有关。目前国内外已有研究成果认为 S_F 较其他指标更为重要，因此应选取 S_F 表征溃坝洪水危险性。

（4）可操作性：选取指标的数据应易于收集且适用于分析计算。例如，溃坝期间的天气是无法预测的，也很难确定其概率，现有的研究成果也指出该因素的重要性偏低，所以这类指标暂不考虑。

（5）定量与定性相结合：充分考虑指标是否易于量化特性的不同，采用定量与定性相结合的原则可以保证评价结果的科学性。

根据以上指标选取原则，选取 S_F、PAR、预警时间（T_W）、溃坝理解程度（U_B）、

PAR 年龄分布（D_A）（用于描述年轻人和中年人在 PAR 中所占的百分比）、溃坝时间（T_B）、救援能力（A_R）和建筑物质量（B_Q）8 个指标。溃坝洪水造成 LOL 是致灾因子、孕灾环境和承灾体的综合体现，因此可从危险性、易损性和防御性角度将指标进行分类，从而构建基于 AHP-BN 法的溃坝 LOL 评价指标体系，如图 3.1 所示。

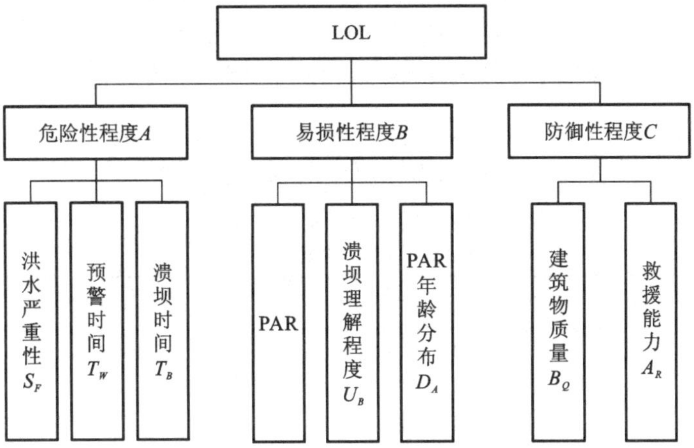

图 3.1　基于 AHP-BN 法的溃坝 LOL 评价指标体系

3.3　基于 AHP-BN 法的溃坝 LOL 风险评价模型

AHP-BN 法是结合 AHP 和 BN 的一种方法。将 AHP-BN 法应用于溃坝 LOL 评估中，LOL 的理论值是其权重及对应概率的乘积，可根据理论值的相对大小对多座水库的 LOL 风险进行大小排序。

3.3.1　运用 AHP 对风险进行定量分析

AHP 是一种定性和定量相结合、系统化、层次化的分析方法，由美国学者萨蒂（Saaty）于 20 世纪 70 年代初提出，它在处理复杂的决策问题上具有实用性和有效性[121]。利用 AHP 计算图 3.1 中各指标权重，主要步骤如下：①构造各指标层的判断矩阵；②确定各指标层因素的相对权重；③对各判断矩阵进行一致性检验。

1. 构造各指标层的判断矩阵

假定某溃坝 LOL 评价指标体系中指标 $A_1, A_2, \cdots, A_n$ 是其上层指标 A 的下一级，可构造以下判断矩阵，如式（3.1）所示。

$$A=\begin{bmatrix} a_{11} & a_{12} & \cdots & a_{1j} & \cdots & a_{1n} \\ a_{21} & a_{22} & \cdots & a_{2j} & \cdots & a_{2n} \\ \vdots & \vdots & & \vdots & & \vdots \\ a_{i1} & a_{i2} & \cdots & a_{ij} & \cdots & a_{in} \\ \vdots & \vdots & & \vdots & & \vdots \\ a_{n1} & a_{n2} & \cdots & a_{nj} & \cdots & a_{nn} \end{bmatrix} \tag{3.1}$$

式中：a_{ij}为对于A指标而言，下一级指标A_i相对于指标A_j的重要程度；i，j为下一级指标的序号。

a_{ij}取值可由专家根据 Saaty 提出的 1～9 法则来打分确定[121]，如表 3.1 所示。

表 3.1　a_{ij}取值表[121]

a_{ij}取值	意义
1	i与j一样重要
3	i比j稍微重要
5	i比j明显重要
7	i比j强烈重要
9	i比j极其重要
2、4、6、8	上述中间状态的对应取值

由表 3.1 可知：若 $i=j$，则 $a_{ij}=1$；反之，$a_{ij}=1/a_{ji}$。

2. 确定各指标层因素的相对权重

根据已确定的判断矩阵，确定各指标层因素相对权重的过程如下。

（1）求出判断矩阵的最大特征值$\lambda_{\max}$；

（2）参照线性代数相关知识，根据最大特征值求出相应的特征向量；

（3）对特征向量进行归一化处理，处理后各元素的值即其对应因素的相对权重[121]。

假设某层次判断矩阵根据最大特征值$\lambda_{\max}$确定的特征向量如式（3.2）所示。

$$C=\{c_1,c_2,\cdots,c_n\} \tag{3.2}$$

式中：C为$\lambda_{\max}$对应的特征向量。

对其进行归一化处理后可变为式（3.3）的形式。

$$D=\{d_1,d_2,\cdots,d_n\} \tag{3.3}$$

式中：D为C归一化处理后的特征向量；$d_i=\dfrac{c_i}{\sum\limits_{i=1}^{n}c_i}$。

3. 对各判断矩阵进行一致性检验

运用判断矩阵通过两两比较的方法，虽然可以有效地计算出两个因素的相对重要性，但是专家评分的误差会导致判断矩阵特征值的偏差，因此可能会出现 $A>B>C>A$ 这种情况，故需对判断矩阵进行一致性检验。

定义相容性指标 CI，如式（3.4）所示。

$$\mathrm{CI}=\frac{\lambda_{\max}-n}{n-1} \tag{3.4}$$

式中：$\lambda_{\max}$ 为判断矩阵最大特征值；n 为矩阵阶数。

定义一致性指标 CR，如式（3.5）所示。

$$\mathrm{CR}=\frac{\mathrm{CI}}{\mathrm{RI}} \tag{3.5}$$

式中：RI 为随机性指标，其取值如表 3.2 所示。

表 3.2　RI 取值表

指标	n										
	1	2	3	4	5	6	7	8	9	10	11
RI	0	0	0.58	0.9	1.12	1.24	1.32	1.41	1.45	1.49	1.51

Saaty 认为，当 CR＜0.10 时，判断矩阵的一致性满足要求，否则，应组织专家对判断矩阵中的元素进行重新确定[121]。

3.3.2　BN 计算概率

1. BN 基本理论

BN 又称信度网络，是目前不确定知识表达和推理领域最有效的理论模型之一，是一种概率图模型，由皮尔 Pear 首先提出[122]。BN 由有向无环图（directed acyclic graph，DAG）和条件概率表（condition probability table，CPT）组成，如图 3.2 所示（其中节点 A、B 为节点 C 的父节点，节点 C 为节点 A、B 的子节点，它们之间用有向线段连接）。

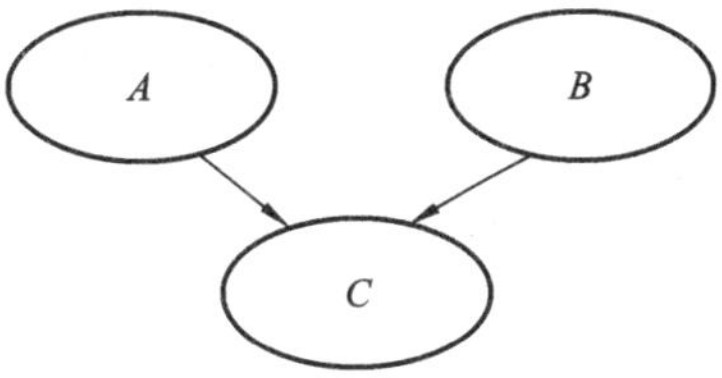

图 3.2　BN 示意图

BN 的理论依据是贝叶斯公式和全概率公式，如式（3.6）和式（3.7）所示。

$$P(B|A)=\frac{P(A|B)P(B)}{P(A)} \tag{3.6}$$

$$P(A)=\sum_{i}P(A|B_i)P(B_i) \tag{3.7}$$

式中：$P(A)$为事件 A 发生的概率，$P(B)$为事件 B 发生的概率，为先验概率，即在完全不考虑其他因素情况下事件 B 发生的概率；$P(B|A)$为事件 A 已发生的情况下事件 B 发生的概率，为后验概率；$P(A|B)$为似然率；i 为事件个数。由式（3.6）和式（3.7）可知，通过给定所有节点的先验概率及每个节点的 CPT，即可得到包含所有节点的联合概率分布，如式（3.8）所示。

$$P(A,B,C)=P\left(C|A,B\right)P(A,B)=P(C|A,B)P(A)P(B) \tag{3.8}$$

式中：$P(A,B,C)$ 为事件 A、B、C 三者同时处于某一状态的联合概率；$P(A,B)$ 为事件 A、B 两者同时处于某一状态的联合概率；$P(C|A,B)$ 为已知事件 A 和 B 的状态时事件 C 的概率；$P(A)$ 为事件 A 发生的概率；$P(B)$ 为事件 B 发生的概率。

节点的先验概率只有“发生”和“不发生”两种状态；子节点的条件概率状态与父节点个数 m 有关，每个父节点都有“发生”和“不发生”两种状态，故子节点的条件概率共有 2^m 种状态。例如，图 3.2 中 C 节点的条件概率共有 4 种状态，分别为“A、B 都不发生”、“A 发生、B 不发生”、“B 发生、A 不发生”及“A、B 都发生”。由此可知，若已知各父节点的先验概率及相应的条件概率分布，则可以得到包含所有节点的联合概率分布。用来反映父节点与子节点关联性的条件概率可通过样本学习或专家经验给定[122]。

2. BN 概率量化描述

为便于专家参考和打分，保证评价结果的科学性，需明确专家打分的标准。BN 的条件概率可结合联合国政府间气候变化专门委员会（Intergovernmental Panel on Climate Change，IPCC）提出的概率定性表述，划分为七级[123]，如表 3.3 所示。

表 3.3　概率定性表述

概率范围	含义
(0, 1%]	几乎不可能发生
(1%, 10%]	很小可能发生
(10%, 33%]	较小可能发生
(33%, 66%]	中等可能发生
(66%, 90%]	较大可能发生

续表

概率范围	含义
(90%, 99%]	很大可能发生
(99%, 100%)	肯定发生

一些指标（如 T_W）的先验概率打分标准值可根据相应的阈值进行插值计算，一些定性指标（如 U_B）的打分标准可在专家经验和工程实际的基础上人工确定。根据相关资料[123]，将 S_F、PAR、T_W 划分为三个等级，相应打分参考值见表 3.4；将 U_B 划分为两个等级，相应打分参考值见表 3.5。

表 3.4 S_F、PAR、T_W 专家打分参考值

指标	专家打分参考值		
	(0, 0.33]	(0.33, 0.66]	(0.66, 1)
S_F/(m²/s)	[0, 4.6)（低）	[4.6, 12)（中）	[12, ∞)（高）
PAR/人	[1, 103)	[103, 104)	[104, ∞)
T_W/h	[1, ∞)（充分警报）	[0.25, 1)（部分警报）	[0, 0.25)（无警报）

表 3.5 U_B 专家打分参考值

指标	专家打分参考值	
	(0, 0.5]	(0.5, 1)
U_B	明确	模糊

将 D_A、A_R、B_Q、T_B 划分为五个等级，相应打分参考值见表 3.6。

表 3.6 D_A、A_R、B_Q、T_B 专家打分参考值

指标	专家打分参考值				
	(0, 0.2]	(0.2, 0.4]	(0.4, 0.6]	(0.6, 0.8]	(0.8, 1)
D_A	(80%, 100%]	(60%, 80%]	(40%, 60%]	(20%, 40%]	[0, 20%]
A_R	极强	强	一般	弱	极弱
B_Q	极强	强	一般	弱	极弱
T_B	白天	工作日夜间	假日夜间	工作日凌晨	假日凌晨

3.3.3 基于 AHP-BN 法的溃坝 LOL 计算

利用 AHP 计算出各指标的权重 W，采用 BN 计算出各指标的概率 P，则可计算出溃坝 LOL 风险值 R，如式（3.9）所示。

$$R = W(A)\times P(A) + W(B)\times P(B) + W(C)\times P(C) \tag{3.9}$$

式中：R 为溃坝 LOL 风险值；$W(A)$、$W(B)$和 $W(C)$分别为危险性程度指标、易损性程度指标和防御性程度指标的权重；$P(A)$、$P(B)$和 $P(C)$分别为危险性程度指标、易损性程度指标和防御性程度指标的概率。

3.4 实例验证

3.4.1 案例资料

为验证方法的有效性，收集了国内 5 座已溃坝水库的基本资料，具体如下。

（1）洞口庙水库。水库于 1971 年 6 月 2 日凌晨 5:50～5:55 发生溃坝，溃坝时看护人员对溃坝前兆不明晰，未发出警报。大坝下游居民房屋多为一层高的土瓦或砖瓦房，抵抗洪水能力较差。水库管理部门没有制订应急预案，仅有一个简陋的医疗站，无法及时治疗伤员。溃坝后，造成大坝下游约 2 km 内 3 个村庄 4 700 居民中 186 人死亡。

（2）李家咀水库。水库于 1973 年 4 月 27 日夜间 11:30 溃坝，由于当时水库无专人看管，未及时发现溃坝征兆并发出警报。大坝下游居民房屋以土坯房为主，还有少数居民住在沟谷中残存的窑洞。水库管理部门没有制订应急预案，医疗设置一般。溃坝造成大坝下游 600 m 范围内李家咀村 1 034 居民中 662 人死亡。

（3）史家沟水库。水库于 1973 年 8 月 25 日凌晨 5:30 溃坝，溃坝前 20～30 min 曾用广播向下游通知转移，但是由于当时为凌晨 5:30 左右，暴雨势大，警报传播效果不好，只有极少数居民迅速撤离疏散。大坝下游居民房屋多半为砖瓦房，有少量土坯房，抵抗洪水冲击能力较弱。水库管理部门没有制订应急预案，医疗设置一般。溃坝后，造成大坝下游约 800 m 内史家沟村 300 居民中 81 人死亡。

（4）沟后水库。水库于 1993 年 8 月 27 日 22 时左右溃坝，溃坝时通信不畅，报警电话不通，酿成惨重的人员伤亡事故。大坝下游恰卜恰镇所处地段河势不顺，两岸丁坝布设缺乏统一规划，水流紊乱，违章建筑侵占沿河行洪滩地。水库管理部门没有制订应急预案。溃坝后，造成大坝下游恰卜恰镇 30 000 居民中 320 人死亡或失踪。

（5）横江水库。水库于 1970 年 9 月 15 日上午 8 时左右溃坝，溃坝前水库管理部门对附近村庄的居民做了口头紧急情况通报，并在溃坝前 15 min 左右发出鸣枪警报，附近居民都已撤离到附近安全高地和山丘中，没有任何伤亡。但是县城及下游的居民未收到任何警报，导致疏散不及时，而且良田河在县城东南边有道陡坎，被洪水冲走的居民大多数因无法逃脱此陡坎的拦截而死亡。当地居民的房屋多为一层砖瓦房，抗洪水冲击能力很差，县城有少量的 2～3 层楼房，可抵御不太猛烈的溃坝洪水波浪。溃坝后的救灾救援工作不到位，医疗设施差，最终导致下游 15 km 范围内近 70 000 居民中 941 人死亡。

5 座水库溃坝的基本情况如表 3.7 所示。

表 3.7　5 座水库溃坝的基本情况

溃坝水库名称	下游距坝里程/km	S_F	T_W/h	T_B	PAR/人	U_B	D_A	B_Q	A_R	LOL/人
洞口庙水库	(1, 2]	低	0.00	05:50	4 700	模糊	(40%, 60%]	弱	弱	186
李家咀水库	(0, 0.6]	中	0.00	23:30	1 034	模糊	(40%, 60%]	弱	弱	662
史家沟水库	(0, 0.8]	中	0.40	05:30	300	模糊	(40%, 60%]	弱	弱	81
沟后水库	(12,13]	低	0.00	22:00	30 000	模糊	(40%, 60%]	一般	弱	320
横江水库 1	(2, 4], (15,20]	中	0.25	08:00	17 500	明确	(40%, 60%]	弱	弱	1
横江水库 2	(6, 15]	中	0.25	08:00	60 000	模糊	(40%, 60%]	弱	弱	900
横江水库 3	(4, 6], (20,60]	低	0.25	08:00	65 000	明确	(40%, 60%]	弱	弱	40

注：为便于更精细化地表示不同区域的溃坝 LOL 情况，对横江水库溃坝区域进行了划分。

3.4.2　计算结果

使用 AHP 对各级指标的权重赋值，如表 3.8 所示。

表 3.8　各级指标权重计算结果

一级指标	一级指标权重	二级指标	二级指标权重
危险性程度	0.50	S_F	0.53
		T_W	0.36
		T_B	0.11
易损性程度	0.20	PAR	0.53
		U_B	0.36
		D_A	0.11
防御性程度	0.30	B_Q	0.65
		A_R	0.35

结合表 3.8 和概率打分标准，使用 BN 计算出每座水库二级指标的概率值，结果如表 3.9 所示。

表 3.9　二级指标概率值计算

溃坝水库名称	下游距坝里程/km	概率值计算		
		危险性程度	易损性程度	防御性程度
洞口庙水库	(1, 2]	0.59	0.47	0.71
李家咀水库	(0, 0.6]	0.72	0.47	0.71
史家沟水库	(0, 0.8]	0.6	0.35	0.71
沟后水库	(12, 13]	0.66	0.63	0.60
横江水库 1	(2, 4], (15, 20]	0.41	0.58	0.71
横江水库 2	(6, 15]	0.58	0.67	0.71
横江水库 3	(4, 6],(20, 60]	0.5	0.59	0.71

运用 AHP-BN 法，根据式（3.9）计算出溃坝水库的风险值 R，结果如表 3.10 所示。

表 3.10　风险值计算结果

溃坝水库名称	下游距坝里程/km	风险值			综合风险值
		危险性程度	易损性程度	防御性程度	
洞口庙水库	(1, 2]	0.295	0.094	0.213	0.602
李家咀水库	(0, 0.6]	0.36	0.094	0.213	0.667
史家沟水库	(0, 0.8]	0.30	0.07	0.213	0.583
沟后水库	(12, 13]	0.33	0.126	0.18	0.636
横江水库 1	(2, 4], (15, 20]	0.205	0.116	0.213	0.534
横江水库 2	(6, 15]	0.29	0.134	0.213	0.637
横江水库 3	(4, 6], (20, 60]	0.25	0.118	0.213	0.581

将上述 5 座水库的 R 与实际 LOL 进行排序比较，结果如图 3.3 所示。

根据图 3.3 可知，横江水库 2 的 R 计算结果偏小，表明实际 LOL 比预想的更为严重，这主要是由两方面造成的。一是虽然在溃坝前 15 min 发出警报，但是仅水库附近的居民进行了转移，县城（距水库约 10 km）及下游居民并没有收到任何警报，导致疏散不及时。二是下游地形（陡坎）和城区密集建筑物阻碍了 PAR 的逃生，最终导致实际 LOL 比评估结果更加严重。其余 6 处区域的实际 LOL 与 R 计算结果的排序一致，验证了方法的有效性。

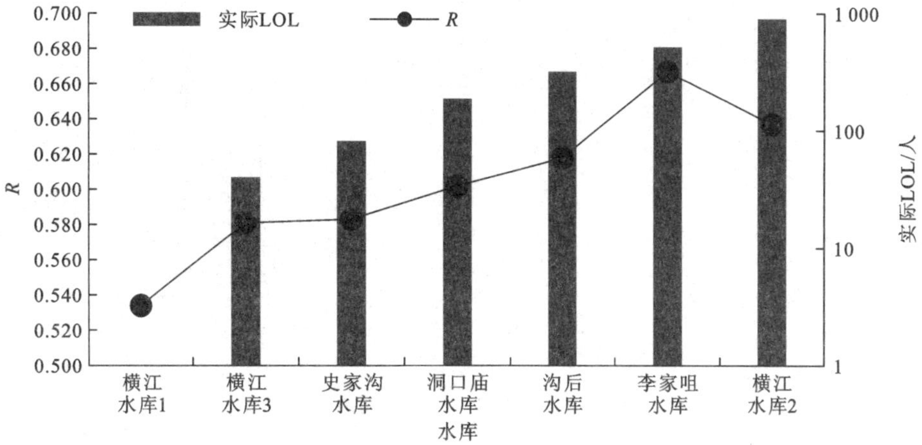

图 3.3　水库的 R 与实际 LOL 比较

3.5 本章小结

溃坝 LOL 评价是有效判定水库大坝风险水平的重要方面。针对现有溃坝 LOL 评估方法不适用于大量大坝溃坝风险后果评估的状况，提出了一种基于 AHP-BN 法的溃坝 LOL 风险评价模型。结合指标选取原则和致灾机理过程，选取 S_F、PAR、T_W、U_B、D_A、T_B、A_R 和 B_Q 8 个指标构建了溃坝 LOL 评价指标体系，使用 AHP-BN 法综合考虑权重和概率的影响计算风险值，构建了溃坝 LOL 风险评价模型。通过工程实例验证了模型具有良好的准确性，可为预案编制和制订针对性应急措施提供借鉴与指导。

第 4 章

基于区间理论的溃坝 LOL 定量分析

4.1 概　述

LOL 是溃坝风险后果中最受社会所关注的一个方面。人们最早使用回归分析法建立基于历史大坝失事案例统计资料的溃坝 LOL 分析模型。但是由于历史数据的数量有限及准确程度较低，此类研究的准确性及其在潜在溃坝 LOL 预测方面的应用存在明显不足[42]。近年来，以溃坝 LOL 形成机理分析为核心的物理模型逐渐成为研究热点。为了使分析结果与历史案例统计数据相符合，现有的大多数方法的计算过程和公式较为复杂，分析模型中相关参数值及其分布类型的确定对于研究人员和工程技术人员来说都是很大的难题，因此此类方法的实用性受到限制[89]。事实上，由于影响潜在 LOL 的因素及其作用机理的不确定性[124]，溃坝造成的潜在 LOL 不是一个确定的值[45]，而是处于一个相对最可能的范围内[125]。

因此，为充分考虑影响因素的不确定性及其对溃坝风险后果的影响[46]，本章引入区间理论来分析潜在溃坝可能造成的 LOL。在分析 LOL 形成机理的基础上，确定影响 LOL 的主要因素和次要因素。结合区间理论，本章提出一种计算 LOL 和确定影响因素对 LOL 影响的方法，构建溃坝 LOL 区间分析模型。

4.2 区间理论及其运算规则

4.2.1 区间理论

计算误差是数值分析领域一直受到大家关注的一个重要问题，它来源于数据误差、截断误差和舍入误差等。计算误差会给数学计算本身和其相应的工程应用带来很大的不利影响，因此相关人员在实际分析过程中都会在经济合理的范围内，通过使用高精度的运算来保证计算结果的精确度。然而，误差的积累很容易使计算结果无法满足所要求的精度，导致结果失去意义。区间理论（区间数学）则提供了一种将各种误差考虑在内的简便算法，其计算结果为包含精确结果的区间，为解决数值分析所面临的问题提供了有效的方法和思路。

1. 区间算法的由来

在数值分析中，常规的浮点算法在区间理论诞生之前就已经发展得相当成熟。但是浮点算法有其特有的缺陷，且此缺陷具有隐藏性，只有在满足一定条件时才会表现出来[126]。

通用的浮点算法中，任意一个实数 r 都可以被表达成 $\pm a_0{\cdot}a_1{\cdot}a_2{\cdot}a_3{\cdot}a_4\cdots\times10^n$ 的形式

（n 是一个整数），这里 $a_0 \cdot a_1 \cdot a_2 \cdot a_3 \cdot a_4$ 为 0，1，2，…，9 中的任意一个。计算机内部使用二进制数，为了表达一个实数，计算机首先将它转换成二进制形式 $\pm b_0 \cdot b_1 \cdot b_2 \cdot b_3 \cdot b_4 \cdots \times 2^p$（$p$ 是一个二进制整数），这里 $b_0 \cdot b_1 \cdot b_2 \cdot b_3 \cdot b_4$ 为 0 或 1。计算机采用一个二进制单元（bit）序列来记录 b_0，b_1，b_2，b_3，b_4，…和指数 p，实现对实数的记录和运算。电气电子工程师学会（Institute of Electrical and Electronics Engineers，IEEE）发布了如下的表达和运算标准：如果用 32 个二进制单元，则用第 1 个单元来记录正负号（0 为+，1 为-）；用第 2～9 个单元来记录加权后的指数 e（$e=p+127$）；而第 10～32 个单元用来记录 b_0，b_1，b_2，b_3，b_4，…，b_{22}。假定 $b_0=1$，第 11～32 个单元都被用来专门存储实数零。标准里对用 64 个、128 个或更多的二进制单元存储实数的情况都做了相应的规定。在用 32 个二进制单元存储实数的机器里，二进制小数的第 24 位之后的数位将无法被存入。计算机可以直接舍弃第 24 位及之后的全部小数，或者根据第 24 位的数值舍（0）入（1）。浮点算法的这种表达看似能够精确地表示任何实数，但是在实际的计算中当小数点后尾数太多时，由于计算机存储空间、计算设备和实际可操作性等方面的原因往往只保留不多的有限位小数，其后的进行四舍五入。人们通常会认为，小数点多位之后的四舍五入误差不会对计算结果有太大影响，因此可以忽略不计。但是在某些情况下事实却并非如此，有时甚至会造成截然相反的结果[127]。

因此，人们不能简单地接受浮点算法所得到的结果，在进行大规模计算遇到浮点算法失效的情况时，需要寻求其他的解决方法。在之后的探索中，Moore[128]放弃了计算机上实数的浮点近似表达方法，提出了一个实数 R 在计算上用一个区间 $R=[\underline{r}, \overline{r}]$来表达。这里的下界 $\underline{r}$ 和上界 $\overline{r}$ 都可以用计算机精确表达，而无须因为存储空间的限制进行四舍五入，无论 R 本身是否能够被计算机用浮点精确表达，区间 R 都包含了全部信息。在这种背景下，区间算法作为浮点算法的补充被提出，用来消除计算机计算过程中所产生的舍入误差，从而被快速传播[129]。

2. 区间分析的基本概念

1966 年，Moore[128]出版了一本名为《区间分析》（*Interval Analysis*）的专著，对区间理论进行了系统的阐述。从那以后，区间理论引起了部分数学家对发展数值计算基础的兴趣[130]。

定义：不确定变量 X 由一个封闭的有限区间表示，$\underline{x}$ 和 $\overline{x}$ 分别表示其下界与上界。X 在实数集 $\mathbf{R}$ 上定义，如式（4.1）所示。

$$X=[\underline{x},\overline{x}]=\{x\in\mathbf{R}\,|\,\underline{x}\leqslant x\leqslant\overline{x}\} \tag{4.1}$$

把实数集 $\mathbf{R}$ 上所有有界闭区间所构成的集合记为 $I(\mathbf{R})$。对于任意 $X\in I(\mathbf{R})$，根据式(4.1)，可以定义反映区间几何特性的几个基本量，分别如式(4.2)～式(4.4)所示。

区间的中点如式（4.2）所示。

$$m(X) = \mathrm{mid}X = (\underline{x} + \overline{x}) / 2 \tag{4.2}$$

区间的宽度如式（4.3）所示。

$$W(X) = \overline{x} - \underline{x} \tag{4.3}$$

区间的绝对值如式（4.4）所示。

$$|X| = \max\{|\underline{x}|, |\overline{x}|\} \tag{4.4}$$

若区间 X 的上界与下界相等，即 $\underline{x} = \overline{x}$，则定义 $X = [\underline{x}, \overline{x}]$ 为点区间；若区间 $X = [\underline{x}, \overline{x}]$ 满足 $\underline{x} = -\overline{x}$，则定义区间 X 为对称区间。显然，对称区间可以表示为式（4.5）的形式。

$$X = \left[-\frac{1}{2}W(X), \frac{1}{2}W(X)\right] \tag{4.5}$$

根据 $\underline{x} = -\overline{x} = -1/2W(X)$，利用对称区间，容易推出：任意的区间 $X \in I(\mathbf{R})$，总是可以表示为式（4.6）的形式。

$$X = \left[\mathrm{mid}(X) - \frac{1}{2}W(X), \mathrm{mid}(X) + \frac{1}{2}W(X)\right] \tag{4.6}$$

式（4.6）也可表示为式（4.7）的形式。

$$X = \left\{x \in \mathbf{R} \middle| |x - \mathrm{mid}(X)| \leqslant \frac{1}{2}W(X)\right\} \tag{4.7}$$

式（4.6）和式（4.7）为中心区间，为便于表示，可将式（4.6）表示为式（4.8）的形式。

$$X = [\mathrm{mid}(X); \mathrm{rad}(X)] \tag{4.8}$$

式中：$\mathrm{rad}(X) = 1/2W(X)$。

区间理论能有效地解决两类问题：①原始数据模糊，但界限明确；②给定过程的理论原理不完整，但其近似描述性方程已知[131]。因其在解决上述两类问题方面表现出结果的准确性和实用性，近年来区间理论已经被广泛用于复杂系统的风险分析[132]、结构计算[133]、多准则抉择[134]等多个领域，针对该方法本身的研究也取得了积极的进展。

4.2.2 区间运算规则

按照 4.2.1 小节中区间的定义，区间既属于数的范畴，又属于集合的范畴[135]。因此，区间运算既包含代数运算，又包含集合运算。区间运算的核心就是将标量计算的运算符推广到区间运算的运算符[136]。区间运算的基本运算符如式（4.9）～式（4.13）所示。

$$X + Y = [\underline{x} + \underline{y}, \overline{x} + \overline{y}] \tag{4.9}$$

$$X - Y = [\underline{x} - \overline{y}, \overline{x} - \underline{y}] \tag{4.10}$$

$$X \times Y = [\min\{\underline{x}\underline{y}, \underline{x}\overline{y}, \overline{x}\underline{y}, \overline{x}\,\overline{y}\}, \max\{\underline{x}\underline{y}, \underline{x}\overline{y}, \overline{x}\underline{y}, \overline{x}\,\overline{y}\}] \tag{4.11}$$

$$X \div Y = X \times \frac{1}{Y} \tag{4.12}$$

$$\frac{1}{Y}=\begin{cases}\phi, & Y=[0,0]\\ \left[\dfrac{1}{\overline{y}},\dfrac{1}{\underline{y}}\right], & 0\notin Y\\ \left[\dfrac{1}{\overline{y}},\infty\right), & \underline{y}=0,\overline{y}>0\\ \left(-\infty,\dfrac{1}{\underline{y}}\right], & \underline{y}<0,\ \overline{y}=0\\ (-\infty,\infty), & \underline{y}<0,\overline{y}>0\end{cases} \tag{4.13}$$

式中：X、Y 为区间；$\overline{x}$ 、$\overline{y}$ 为区间 X 与区间 Y 的上界；$\underline{x}$ 、$\underline{y}$ 为区间 X 与区间 Y 的下界；ϕ 为空区间。

根据区间运算规则，容易得出区间运算规律。设区间 X、Y、$Z\in I(\mathbf{R})$，则式（4.14）成立。

$$\begin{cases}X+0=0+X=X\\ X+Y=Y+X\\ X+(Y+Z)=(X+Y)+Z\\ X\cdot 1=1\cdot X=X\\ X\cdot Y=Y\cdot X\\ X\cdot(Y\cdot Z)=(X\cdot Y)\cdot Z\end{cases} \tag{4.14}$$

式（4.14）表明，数值运算中的结合律、交换律对于区间运算同样适用。

区间运算有着自身的特点，其最大的特点为区间扩大。变量在同一函数中可能采取不同的值，这是区间分析结果扩大的核心原因。以区间 $X=[1,2]$为例，根据式（4.10），$Y=X-X$ 的区间值如式（4.15）所示。

$$Y=X-X=[1,2]-[1,2]=[-1,1]\neq[0,0] \tag{4.15}$$

由上述分析可知，当一个函数的变量在运算中出现多次时，区间分析结果的扩大程度将会更加严重[137]。区间参数出现的次数越少，区间运算的运算符相关性就越小。如果每个区间参数仅出现一次，则区间运算可以获得更加准确的区间解，从而确保结果的实用性[136]。

4.3　溃坝 LOL 定量区间分析

4.3.1　LOL 影响因素的确定

根据灾害理论，采用致灾因子、承灾体和孕灾环境的概念及思想来确定影响 LOL 的因素[76]。

（1）致灾因子。

溃坝引起的洪水是 LOL 最直接的影响因素[63]。洪水的深度和速度都直观反映了其严重程度[138]。因此，洪水深度和速度这两个指标可以综合为一个指标，即洪水严重性（S_F），如式（4.16）所示。

$$S_F = D \times V \tag{4.16}$$

式中：D 和 V 分别为洪水的深度和速度。

（2）承灾体。

没有 PAR，无论洪水多么严重，都不会造成 LOL。因此，选取 PAR 作为最基本的承灾体。

PAR 有两个主要属性，即溃坝理解程度（U_B）和 PAR 年龄分布（D_A），这两点对于 PAR 的撤离有很大影响[70]。U_B 主要是指 PAR 对大坝溃决的严重程度和淹没区域是否有正确的认识，是否能够及时采取正确的逃生措施和逃生途径。考虑到不同年龄段人群逃生能力的巨大差异，本书使用 D_A 来描述年轻人和中年人在 PAR 中所占的百分比。

（3）孕灾环境。

孕灾环境包括社会和工程两个方面在内的受灾环境[139]，与致灾因子和承灾体共同造成了 LOL。预警时间（T_W）决定了可供人们撤离的时间长短；建筑物是 PAR 的主要避难所，其易损性非常重要。此外，救援能力（A_R）对 PAR 的生命损失率会产生直接的影响。直观来讲，由于水库大坝在夜间失事和在白天失事人们的撤离情况不同，LOL 也会存在很大的差异。因此，溃坝时间（T_B）是 LOL 的另一直接影响因素。

通过上述对致灾因子、承灾体和孕灾环境之间关系的分析，可以绘制 LOL 与影响因素之间的关系，如图 4.1 所示。

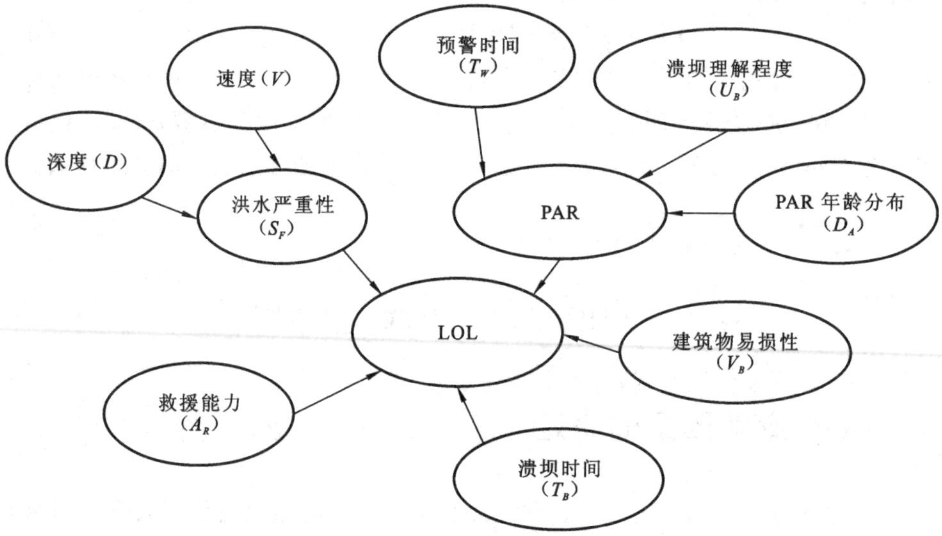

图 4.1　LOL 与影响因素之间的关系

4.3.2　LOL 的区间分析

由于区间运算具有扩大的特点，在运用区间理论分析 LOL 时，应避免影响因素重复出现。因此，应阐明主要影响因素及其对 LOL 作用的相互联系，以确保 LOL 区间分析的准确性[51]。

根据已有研究，A_R 在溃坝洪水作用于 PAR 阶段对潜在溃坝 LOL 的影响有限[42]。此外，D_A 和 T_B 的重要性要小于其他影响因素[76]。因此，除 PAR 外，其他影响因素可以分为两类：主要影响因素和次要影响因素。其中，主要影响因素包括 T_W、U_B、S_F、V_B；次要影响因素包括 T_B、A_R、D_A。因此，溃坝 LOL 的计算公式如式（4.17）所示。

$$LOL = [LOL_{min}, LOL_{max}] = PAR \times f \times c \tag{4.17}$$

式中：LOL_{min} 和 LOL_{max} 分别为 LOL 区间的下界和上界；f 为由主要影响因素造成的 LOL 死亡率区间；c 为由次要影响因素引起的修正系数。

1. 主要影响因素的区间分析

主要影响因素造成的 LOL 形成机理如图 4.2 所示。

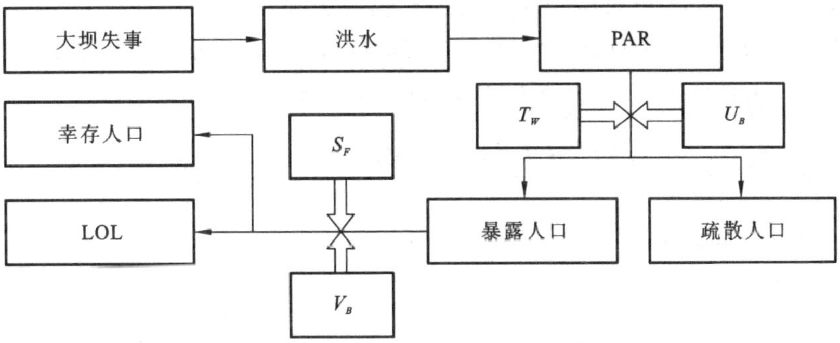

图 4.2　主要影响因素造成的 LOL 形成机理

根据图 4.2，溃坝 LOL 的计算方法如式（4.18）所示。

$$LOL = PAR \times f_1 \times f_2 \times c = PAR \times f_1(T_W, U_B) \times f_2(S_F, V_B) \times c \tag{4.18}$$

式中：f_1 为受 T_W 和 U_B 影响的 PAR 暴露率区间；f_2 为受 S_F 和 V_B 影响的暴露人口死亡率区间。

T_W 是人口疏散的关键影响因素。在此基础上，U_B 也产生一定程度的影响。因此，f_1 的计算公式如式（4.19）所示。

$$f_1 = f_{11}(T_W) \times f_{12}(U_B) \tag{4.19}$$

式中：$f_{11}(T_W)$为受 T_W 影响的 PAR 暴露率区间；$f_{12}(U_B)$为由 U_B 造成的暴露率影响系数区间。

根据对 24 个溃坝案例和骤发洪水的分析，Brown 和 Graham[30]阐明了 T_W 对 LOL 的影响。

当 T_W<0.25 h 时，溃坝 LOL 如式（4.20）所示。

$$\mathrm{LOL}=0.5\times\mathrm{PAR} \tag{4.20}$$

当 0.25 h<T_W<1.50 h 时，溃坝 LOL 如式（4.21）所示。

$$\mathrm{LOL}=0.06\times\mathrm{PAR} \tag{4.21}$$

当 T_W>1.50 h 时，溃坝 LOL 如式（4.22）所示。

$$\mathrm{LOL}=0.000\,2\times\mathrm{PAR} \tag{4.22}$$

假如 PAR 为 10 000 人，这些 PAR 若位于 0.25 h<T_W<1.50 h 区域，则 LOL 为 600 人；这些 PAR 若位于 T_W>1.50 h 区域，则 LOL 仅为 2 人。根据上述分析可以看出，Brown 和 Graham[30]提出的公式显示出了很大的不连续性[43]。

DeKay 和 McClelland[32]根据大量历史资料和洪水泛滥统计资料，考虑洪水风险特征、预警情况、人员应急撤离条件等，建立了溃坝 LOL 经验公式，如式（4.23）所示。

$$\mathrm{LOL}=\frac{\mathrm{PAR}}{1+13.277\mathrm{PAR}^{0.44}\times\exp(0.759T_W-3.790\mathrm{FC}+2.223T_W\times\mathrm{FC})} \tag{4.23}$$

式中：T_W 为预警时间；FC 为洪水风险特征，在高水力风险、水深流急情况下，取 FC=1，在低水力风险、水浅流缓条件下，取 FC=0。

虽然 DeKay 和 McClelland[32]提出的公式也显示出较大的不连续性，但是两种公式均显示，当可用撤离时间增加时，LOL 将迅速减少。结合王晓航等[69]基于统计数据建立的 T_W 归一化函数，本书提出受 T_W 影响的 PAR 暴露率建议区间，如表 4.1 所示。

表 4.1　受 T_W 影响的 PAR 暴露率建议区间

T_W/h	$f_{11}(T_W)$
[0.00,0.25)	(0.75, 1.00]
(0.25, 0.50)	(0.60, 0.75]
[0.50, 1.00)	(0.20,0.60]
[1.00, 1.50)	(0.05, 0.20]
[1.50, ∞)	[0.00, 0.05]

通常来说，U_B 越高，疏散率越高，PAR 暴露率和相应的死亡率越低。结合 Graham[34]和周克发[59]的研究，本书提出由 U_B 造成的暴露率影响系数建议区间，如表 4.2 所示。

表 4.2　U_B 造成的暴露率影响系数建议区间

U_B	$f_{12}(U_B)$
未知	(0.80, 1.00]
模糊	(0.60, 0.80]
一般	(0.40,0.60]
中等	(0.20, 0.40]
明确	[0.00, 0.20]

建筑物一旦破坏，就不能再为暴露人口提供可靠的避难所，从而造成 LOL。建筑物是否破坏主要受洪水特性和建筑物特性的影响。其中，洪水特性主要包括：洪水水深、流速。建筑物特性主要包括：建筑物类型（主要指内部材料）、高度。

根据丹麦水力学研究所的研究成果，一旦洪水严重性和流速同时超过式（4.24）所示的标准，砖石、混凝土和砖砌房就会被完全摧毁[43]。

$$S_F \geqslant 7\ \mathrm{m^2/s}, \qquad V \geqslant 2\ \mathrm{m/s} \tag{4.24}$$

结合上述研究，Maijala 等[119]提出了建筑物破坏准则，如表 4.3 所示。

表 4.3　建筑物破坏准则

建筑类型	部分破坏	完全破坏
无锚式木结构	$S_F \geqslant 2\ \mathrm{m^2/s}$	$S_F \geqslant 3\ \mathrm{m^2/s}$
锚式木结构	$S_F \geqslant 3\ \mathrm{m^2/s}$	$S_F \geqslant 7\ \mathrm{m^2/s}$
砖石、混凝土和砖砌结构	$S_F \geqslant 7\ \mathrm{m^2/s}$ 且 $V \geqslant 2\ \mathrm{m/s}$	$S_F \geqslant 7\ \mathrm{m^2/s}$ 且 $V \geqslant 2\ \mathrm{m/s}$

为避免区间运算引起的结果扩大过多，从而导致的评价结果无意义或实用性不足，上述标准需进一步细化。结合不同类型建筑结构的力学性能[140],本书提出受 S_F 和 V_B 影响的暴露人口死亡率区间，如表 4.4 所示。

表 4.4　受 S_F 和 V_B 影响的暴露人口死亡率区间

S_F		$f_2(S_F, V_B)$		
		泥土	砖砌/砖混凝土	高层/钢筋混凝土
轻微	[0.00, 0.60]	[0.00, 0.10]	[0.00, 0.00]	[0.00, 0.00]
一般	(0.60, 2.00]	(0.10, 0.30]	(0.00, 0.10]	[0.00, 0.00]
中等	(2.00, 3.00]	(0.30, 0.70]	(0.10, 0.30]	(0.00, 0.10]
严重	(3.00, 7.00]	(0.70, 1.00)	(0.30, 0.70]	(0.10, 0.50]
极其严重	(7.00, ∞)	[1.00, 1.00]	(0.70, 1.00]	(0.50, 1.00]

2. 次要影响因素引起的修正系数范围分析

由于三个次要影响因素之间的相互独立关系，修正系数 c 如式（4.25）所示。

$$c = c_1 \times c_2 \times c_3 \tag{4.25}$$

式中：c_1、c_2 和 c_3 分别为 T_B、A_R 和 D_A 引起的修正系数；c 为上述三个因素共同作用引起的 LOL 修正系数。

关于 T_B 对 LOL 的影响：夜间人们通常处于睡眠状态，且视线不好无法看清楚各类环境展开逃生活动，PAR 在夜间的死亡率明显高于白天[14]。

关于 A_R 对 LOL 的影响：虽然 A_R 对 LOL 的影响有限，但是仍可以发挥积极的作用[42]。

关于 D_A 对 LOL 的影响：直观上来说，老年人和儿童越多，PAR 死亡率越高。然而，次要影响因素对 LOL 的影响仍要比主要影响因素小得多。由于目前缺乏有效验证数据，可以初步认为这种影响小于 20%。因此，c_1，c_2 和 c_3 的范围如式（4.26）所示。

$$\{c_1, c_2, c_3\} \in \{[0.80, 1.20], [0.80, 1.00], [1.00, 1.20]\} \tag{4.26}$$

4.3.3 LOL 区间分析的有效性评判

LOL 区间除了应有效包含实际 LOL 外，区间分析结果应在一定范围内，以确保其具有实用意义，从而为风险评估和管理提供有效指导。

LOL区间分析结果的下界 $\underline{x}$ 和上界 $\overline{x}$ 均不小于0。定义 A 为 $\overline{x}$ 与 $\underline{x}$ 的比值，如式(4.27)所示。

$$A = \frac{\overline{x}}{\underline{x}}, \quad \underline{x} \neq 0 \tag{4.27}$$

由于对不同影响因素不确定性的考虑程度不同，目前已有的各种方法对 LOL 的分析结果存在着显著差异。但是，根据 Judi 等[45]的研究，不同方法结果的差异通常处于一定数量级内[44]。因此，当 A 不大于 10 时，可认为区间分析的结果是有效的。

4.4 实例分析

4.4.1 基础数据

对中国和老挝共 10 个溃坝案例及英国的 2 次骤发洪水案例（此类洪水具有与溃坝引发洪水类似的特征）导致的 LOL 进行分析。根据与相应坝址或河流的距离将淹没区划分为 21 个区域，将本书提出的基于区间分析的研究方法的计算结果与实际造成的 LOL 进行比较[141]，以验证该方法的准确性。21 个淹没区域的相关参数如表 4.5 所示。

4.4.2 区间分析结果及比较

1. 区间运算结果

基于区间运算规则和 4.3 节建立的基于区间理论的溃坝 LOL 区间分析模型，计算得到 21 个淹没区域 LOL 的区间[LOL_{min}, LOL_{max}]。将淹没区域的实际 LOL 用于验证比较，如表 4.6 所示。

表 4.5 21 个淹没区域的相关参数

淹没区域	年份	国家	区域编号	T_W/h	U_B	S_F	V_B	c_1	c_2	c_3
刘家台水库	1963	中国	1	1.00	模糊	极其严重	泥土	1.10	1.00	1.00
刘家台水库	1963	中国	2	1.00	模糊	严重	泥土	1.10	1.00	1.00
刘家台水库	1963	中国	3	1.00	模糊	一般	泥土	1.00	1.00	1.00
刘家台水库	1963	中国	4	1.00	模糊	轻微	泥土	1.00	1.00	1.00
横江水库	1970	中国	1	0.25	明确	极其严重	砖砌/泥土	0.80	1.00	1.00
横江水库	1970	中国	2	0.25	明确	严重	砖砌/泥土	0.80	1.00	1.00
横江水库	1970	中国	3	0.25	明确	中等	砖砌/泥土	0.80	1.00	1.00
横江水库	1970	中国	4	0.25	模糊	一般	砖砌/泥土	0.80	1.00	1.00
横江水库	1970	中国	5	0.25	模糊	轻微	砖砌/泥土	0.80	1.00	1.00
洞口庙水库	1971	中国	1	0.00	模糊	中等	砖砌/泥土	1.00	1.00	1.00
李家咀水库	1973	中国	1	0.00	模糊	严重	泥土	1.10	1.00	1.00
史家沟水库	1973	中国	1	0.40	模糊	严重	泥土	1.00	1.00	1.00
沟后水库	1993	中国	1	0.00	模糊	一般	砖砌/泥土	1.05	0.95	1.00
小湄港水库	1995	中国	1	0.00	模糊	一般	砖砌/泥土	1.05	0.95	1.00
沈家坑水库	2012	中国	1	0.00	中等	中等	砖砌/混凝土	1.05	0.90	1.10
射月沟水库	2018	中国	1	0.00	中等	中等	砖砌/混凝土	1.00	0.90	1.00
桑片-桑南内水电站	2018	老挝	1	>8.00	模糊	严重/中等	砖砌	1.00	0.90	1.00
林茅斯（Lynmouth）	1952	英国	1	0.00	中等	极其严重	2层房屋①	1.00	0.95	1.00
林茅斯（Lynmouth）	1952	英国	2	0.00	中等	严重	2层房屋	1.00	0.95	1.00
林茅斯（Lynmouth）	1952	英国	3	0.00	中等	中等	2层房屋	1.00	0.95	1.00
戈德尔（Gowdall）	2000	英国	1	有限②	中等	轻微	2层房屋	1.00	0.90	1.00

① 根据Peng和Zhang[63]的研究，2层房屋的易损性与砖砌结构建筑相似。

② 根据Penning-Rowsel等[142]的研究，T_W为有限表示预警时间在引导人群疏散方面未能发挥有效作用。结合表4.1，$f_{11}(T_W)=(0.20, 0.60]$。

表 4.6　区间分析结果与实际 LOL 对比

淹没区域	区域编号	PAR/人	f	实际生命损失率	$[LOL_{min}, LOL_{max}]$/人	实际LOL/人	A
刘家台水库	1	2 784	(0.132, 0.528]	0.189	(367, 1 470]	525	4.01
刘家台水库	2	3 395	(0.092, 0.528]	0.104	(314, 1 793]	352	5.71
刘家台水库	3	11 929	[0.000, 0.080]	0.005	[0, 954]	60	—
刘家台水库	4	46 833	[0.000, 0.024]	0.000	[0, 1 124]	0	—
横江水库	1	1 250	[0.000, 0.120]	0.000	[0, 150]	0	—
横江水库	2	2 500	[0.000, 0.102]	0.000	[0, 255]	0	—
横江水库	3	7 250	[0.000, 0.060]	0.006	[0, 435]	41	—
横江水库	4	60 000	(0.014, 0.096]	0.015	(864, 5 760]	900	6.67
横江水库	5	15 000	[0.000, 0.024]	0.000	[0, 360]	0	—
洞口庙水库	1	4 700	(0.023, 0.160]	0.040	(106, 752]	186	7.09
李家咀水库	1	1 034	(0.347, 0.880]	0.499	(358, 910]	516	2.54
史家沟水库	1	300	(0.262, 0.630]	0.270	(76, 180]	81	2.37
沟后水库	1	30 000	[0.022, 0.160]	0.011	[69, 488]	320	7.07
小湄港水库	1	1 400	(0.018, 0.144]	0.024	(25, 201]	34	8.04
沈家坑水库	1	300	(0.011, 0.100]	0.037	(3, 30]	11	10.00
射月沟水库	1	5 600	(0.003, 0.300]	0.005	(18, 170]	28	9.44
桑片-桑南内水电站	1	13 000	[0.000, 0.018]	0.010	[0, 234]	134	—
林茅斯	1	100	(0.100, 0.380]	0.085	(10, 38]	34①	3.80
林茅斯	2	100	(0.043, 0.266]		(4, 27]		6.75
林茅斯	3	200	(0.014, 0.114]		(3, 23]		7.67
戈德尔	1	250	[0.000, 0.000]	0.000	[0, 0]	0	—

① 林茅斯由骤发洪水造成的三个淹没区域的总LOL及PAR死亡率分别为34人和0.085，对应的区间分析结果为(17, 88]。

区间分析结果[LOL_{min}, LOL_{max}]与淹没区域实际 LOL 的比较，如图 4.3 所示。

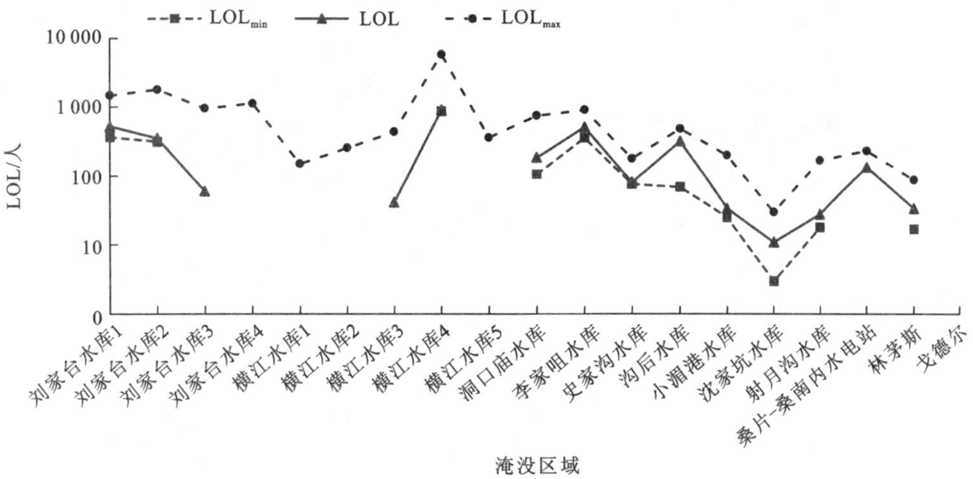

图 4.3　区间分析结果与淹没区域实际 LOL 的比较

2. 结果分析

（1）一般而言，数学模型的结果越确定，分析越准确。然而，由于影响因素具有不确定性，其中某些确切值是由人们主观决定的，该原则不适用于分析由溃坝造成的 LOL。与确定值相比，潜在 LOL 的区间值也可以有效地反映溃坝所造成后果的严重性，且相对来说区间值比较容易客观确定，并且与影响因素的不确定性特征保持一致。

（2）根据图 4.3，本书所提出的分析方法计算的 LOL 区间值都包含了由溃坝或骤发洪水引起的 21 个淹没区域的实际 LOL，显示出良好的准确性。该方法通过区间值而不是确定值来反映 LOL，充分考虑了 LOL 的不确定性及各种因素的影响。

（3）根据表 4.6，当区间分析结果的下界 $\underline{x}\neq 0$ 时，21 个淹没区域 LOL 区间值的上界 $\overline{x}$ 与下界 $\underline{x}$ 的比值均不大于 10。结合 4.3.3 小节的内容发现，通过明确关键函数的联系和细化影响因素的区间，可以达到避免区间扩大的效果。

（4）一些区域的区间分析结果仍然较大，如刘家台水库 4、横江水库 1 和横江水库 2，这是因为基本资料和参数有限，导致计算区域的划分相对粗糙。当下界 $\underline{x}=0$ 时，影响因子的宽区间与区间扩大的相互作用可导致高达 4 个数量级的差异。随着洪水演进分析的发展，计算区域的划分更加详细，基本参数的区间会变得更小，区间分析的结果也会变小且更加准确；同时，由于充分考虑了各种不确定性因素，研究结果为大坝风险管理提供了更有意义的指导。

4.5 本章小结

各种影响因素的不确定性导致了溃坝造成的LOL的显著差异。结合现有方法的特点，提出了一种基于区间理论的新的分析方法。根据灾害学理论和对LOL形成机理的分析，选取了影响溃坝LOL的8个指标，即PAR、T_W、U_B、S_F、V_B、T_B、A_R、D_A。根据上述因素对LOL的作用程度，将其划分为主要影响因素和次要影响因素，并明确了主要影响因素对LOL的影响区间和次要影响因素引起的修正系数范围。选取10个溃坝案例的17个淹没区域和2次骤发洪水的4个淹没区域进行验证，结果符合LOL区间分析的有效性评判，验证了该方法的准确性及其对溃坝严重性评价的有效性。

第 5 章

基于 PAR 避难行为模拟的溃坝 LOL 评估

5.1 概　述

与提高水库大坝安全性等工程措施相比，提高 PAR 在溃坝洪水威胁下的撤离率（R_E），与增加预警时间（T_W）、增强人们的风险意识一样，均是有效降低潜在溃坝 LOL 的非工程措施。目前已有研究考虑了 T_W 在影响溃坝 LOL 方面的重要作用，对 PAR 接收警报到完成避难这一重要过程的分析却明显缺乏。溃坝洪水流速快，淹没范围广，PAR 在溃坝洪水威胁下，如何成功实现避难是影响溃坝 LOL 的关键环节。PAR 能否成功避难受到 PAR 的分布、溃坝理解程度（U_B）、交通状况、避难场所的位置等多种因素的共同影响。上述因素对于不同的水库大坝存在不同影响，为有效分析避难效果，需对 PAR 的避难行为进行基于逻辑过程的量化分析。

因此，本章提出一种考虑 PAR 避难行为的溃坝 LOL 评估新模型。根据溃坝洪水灾害形成条件和致灾机理提出了 LOL 计算公式，通过对溃坝洪水演进和 PAR 避难行为的模拟来量化公式中的相关参数，在进一步提高具体工况下 LOL 评估精确度的同时，为制订紧急预案提供参考和依据，从而有效降低潜在的 LOL。

5.2 溃坝导致 LOL 的机理分析

5.2.1 LOL 影响因素分析

灾害的形成是致灾因子、承灾体和孕灾环境的综合体现[77]，因此完整的 LOL 评估过程需综合考虑以上三个方面[143]。

（1）致灾因子。

致灾因子指大坝失事造成的洪水。洪水深度（D）和速度（V）的乘积反映了洪水严重性（S_F）[138]。S_F 决定了暴露在洪水中人口的死亡率，可用暴露人口死亡率（F_M）量化其死亡情况[43]。

（2）承灾体。

承灾体指 PAR。没有 PAR，无论洪水多严重，都不会造成 LOL。遇到洪水时，撤离是人们最有效的选择。PAR 撤离前需要一定的反应时间（T_R），对撤离有很大影响[144]。

（3）孕灾环境。

孕灾环境指下游承灾体所在的环境特征因子。T_W、撤离方式（M_T）和撤离路径（N_T）是影响 PAR 撤离的关键因素[145]。此外，下游的建筑物是 PAR 躲避洪水的主要避难所，建筑物易损性（V_B）非常重要[146]。

5.2.2　LOL 形成机理分析

根据 PAR-撤离人口（或未撤离人口）-暴露人口-LOL 的逻辑关系，考虑主要影响因素的作用，确定溃坝造成 LOL 的过程，如图 5.1 所示。

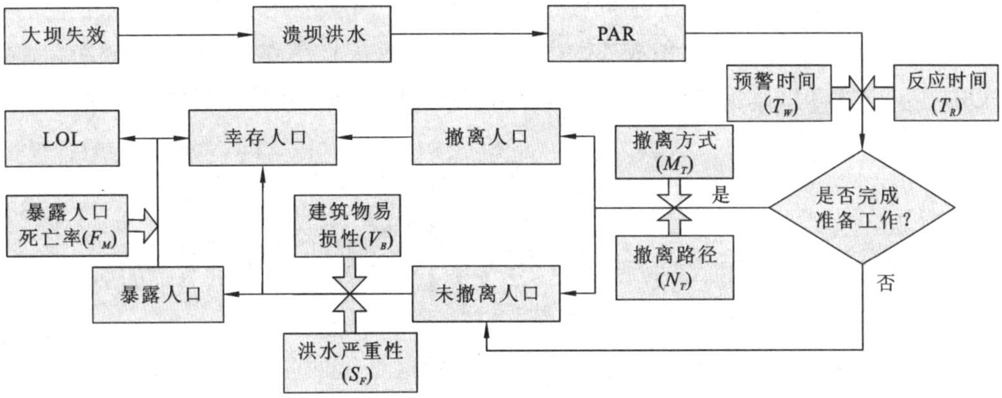

图 5.1　溃坝 LOL 形成过程示意图

以上 LOL 形成的具体过程可划分为如下 6 个环节[147]。

（1）溃坝产生洪水。

溃坝的原因主要可分为漫顶（超标洪水、泄洪能力不足）、质量问题（坝体渗漏、坝体滑坡、溢洪道质量差等）、管理不当（超蓄、维护运用不良、无人管理等）和其他（白蚁筑巢、工程设计不当、地震、战争等）四类。上述原因可导致大坝主体或附属结构物破坏而引起溃坝洪水，对下游人民生命安全产生威胁。

（2）溃坝洪水产生 PAR。

PAR 是影响 LOL 的关键因素，对于每一种溃坝工况，均要分析确定 PAR 的数量。PAR 的数量主要与溃坝洪水的淹没范围和 PAR 的分布状态有关。参照国内外经验，将溃坝洪水淹没区内的人口数量称为 PAR。

（3）PAR 完成准备工作。

PAR 的准备工作包括两个部分，即接收预警和做出反应。PAR 在撤离前需要完成准备工作。定义及时完成准备工作的人口（$\mathrm{POP_{pre}}$）占 PAR 的比例为准备率（R_P），如式（5.1）所示。没有完成准备工作的人口将成为未撤离人口（$\mathrm{POP_{un\text{-}eva}}$）的一部分。

$$R_P = \frac{\mathrm{POP_{pre}}}{\mathrm{PAR}} \tag{5.1}$$

（4）PAR 进行撤离。

在洪水到来之前已经完成准备工作并到达安全区域的撤离人口（$\mathrm{POP_{eva}}$）占 $\mathrm{POP_{pre}}$

的比例定义为 R_E，如式（5.2）所示。未能撤离到安全地区的人口成为未撤离人口 $POP_{un\text{-}eva}$ 的另一部分。

$$R_E = \frac{POP_{eva}}{POP_{pre}} \tag{5.2}$$

（5）未撤离人口在房屋中躲避洪水。

未撤离人口会在周围就近避难（房屋、高地等），所在地及下游的建筑物是他们的主要避难所[148]。部分建筑物能成功抵御洪水的冲击使人口幸存，定义这部分幸存人口（$POP_{suc\text{-}shel}$）占 $POP_{un\text{-}eva}$ 的比例为躲避率（R_S），可近似用房屋的破坏比例确定，如式（5.3）所示。

$$R_S = \frac{POP_{suc\text{-}shel}}{POP_{un\text{-}eva}} = \frac{NUM_{un\text{-}dest}}{NUM_{buil}} \tag{5.3}$$

式中：$NUM_{un\text{-}dest}$ 为成功抵御洪水冲击的房屋数量；NUM_{buil} 为在洪水中的房屋总量。

（6）洪水导致暴露人口（POP_{exp}）死亡。

未能成功抵御洪水的建筑物被摧毁，导致躲避在里面的人暴露在洪水中成为暴露人口，一些暴露人口因洪水而丧生。将 F_M 设置为暴露人口的死亡率，则可以通过式（5.4）计算 LOL。

$$LOL = POP_{exp} \times F_M \tag{5.4}$$

综上所述，最终的 LOL 计算如式（5.5）所示。

$$LOL = PAR \times (1 - R_P \times R_E) \times (1 - R_S) \times F_M \tag{5.5}$$

其中，PAR、F_M 由溃坝洪水决定，R_P、R_E 和 R_S 均用于描述在洪水威胁下 PAR 的避难行为。

因此，准确模拟溃坝洪水和 PAR 的避难行为，是有效分析 LOL 的基础与关键。

5.3 溃坝洪水的模拟及其对 LOL 的作用

5.3.1 溃坝洪水的模拟

水动力模型由 USACE 的水文工程中心（Hydrologic Engineering Center，HEC）所开发，其功能主要有恒定流水面线计算、非恒定流模拟、可动边界的泥沙输移运算和水质分析四个方面，因操作简便、功能齐全而被广泛应用。本书选择非恒定流模拟中的二维模型对溃坝洪水进行模拟。

5.3.2　PAR 的确定

PAR 主要取决于溃坝洪水淹没范围和人口在淹没区内的分布状态。对于小型和一些中型水库，下游淹没区内的人口较少，可通过典型调查的方式获取不同时间、不同季节的人口分布情况。而对于大型水库，由于溃坝淹没范围很大，很难详细分析每一处人口的分布情况，所以可将一定范围内的 PAR 视为一个点，通过统计各居民点的人口总数得出 PAR，如式（5.6）所示。

$$\mathrm{PAR} = \sum_{i=1}^{n} \mathrm{PAR}_i \tag{5.6}$$

式中：n 为被淹没居民点个数；i 为某个居民点；PAR_i 为 i 居民点的人口。

5.3.3　暴露人口死亡率 F_M 的确定

暴露人口死亡率近似服从正态分布，将淹没区域根据洪水特征值划分为高危险程度区域（I 区）、中危险程度区域（II 区）和低危险程度区域（III 区），每个区域均有对应的 F_M[42]。

（1）高危险程度区域：$S_F \geqslant 7\ \mathrm{m^2/s}$ 且 $V \geqslant 2\ \mathrm{m/s}$。

此区域洪水破坏力极强，建筑物一般都被摧毁，暴露人口死亡率可以被认为是一个定值 1，如式（5.7）所示。

$$F_M = 1 \tag{5.7}$$

（2）中危险程度区域：上限 $V < 2\ \mathrm{m/s}$ 或 $S_F < 7\ \mathrm{m^2/s}$，下限 $D \geqslant 2.1\ \mathrm{m}$ 且洪水上升速率 $W > 0.5\ \mathrm{m/h}$。

此区域洪水强度低于高危险程度区域的洪水强度，建筑物部分倒塌，暴露人口有逃离生还的可能，但是逃离能力受到洪水上升速率的极大影响，F_M 如式（5.8）所示。

$$F_M - \Phi_N\left(\frac{\ln D - 1.46}{0.28}\right) \tag{5.8}$$

式中：Φ_N 为累积正态分布函数；D 为水深。

（3）剩余的区域为低危险程度区域。

此区域洪水强度已大幅度减弱，暴露人口生还的可能性较大，F_M 如式（5.9）所示。

$$F_M = \Phi_N\left(\frac{\ln D - 7.6}{2.75}\right) \tag{5.9}$$

式中：Φ_N 为累积正态分布函数；D 为水深。

5.4 PAR 的避难模拟

5.4.1 R_P 的确定

人们从各种途径收到警报消息（如政府、亲朋好友、电子媒体、广播和社交软件等）需要一定的接收预警时间（T_{RW}）；另外，人们在收到警报后往往会通知自己的亲朋好友、从工作地点返回家中并等待其余成员和收拾行李等，也需要一定的反应时间 T_R。假设两个过程的分布在统计上相互独立，分别估算出两个过程的概率分布，可得出一个概率叠加统计表[144, 149]，如表 5.1 所示。

表 5.1　T_{RW} 和 T_R 的概率叠加统计表

项目			T_R 分布					
			T_R=5 min	T_R=10 min	T_R=15 min	T_R=20 min	T_R=25 min	T_R=30 min
			$p(T_R)$=0.15	$p(T_R)$=0.15	$p(T_R)$=0.30	$p(T_R)$=0.15	$p(T_R)$=0.15	$p(T_R)$=0.10
T_{RW} 分布	T_{RW}=5 min	$p(T_{RW})$=0.2	0.03	0.03	0.06	0.03	0.03	0.02
	T_{RW}=10 min	$p(T_{RW})$=0.4	0.06	0.06	0.12	0.06	0.06	0.04
	T_{RW}=15 min	$p(T_{RW})$=0.4	0.06	0.06	0.12	0.06	0.06	0.04

根据表 5.1 可知，如果对应时间点 T=15 min，它可能是由 5 min 的 T_{RW} 加上 10 min 的 T_R，或者 10 min 的 T_{RW} 加上 5 min 的 T_R 构成，因此 T=15 min 的概率为两部分之和，以此类推，可得出每个时间段的概率，累加后即可得出准备率 R_P 的概率分布，如表 5.2 所示。

表 5.2　准备率 R_P 的概率分布

T/min	每个时间段概率/%	R_P/%
5	0	0
10	3	3
15	9	12
20	18	30
25	21	51
30	21	72
35	14	86
40	10	96
45	4	100

表 5.2 的结果代表了一般的情况。然而，在实际完成准备工作的过程中，溃坝时间（T_B）、PAR 规模与溃坝时的天气等因素的影响较大，它们可能存在特殊或极端的情况，此时应根据实际情况对 R_P 进行一定的调整和优化。

5.4.2　PAR R_E 的确定

撤离是一个复杂的过程，是交通状况、疏散方式和疏散路线等多种因素综合作用的结果。将居民区人口分布和避难所位置简化为点，将当地路网数据简化为线。根据洪水淹没情况，确定需要撤离的居民点，排除淹没区内的避难点，以居民点为起点，以避难位置为终点，在 GIS 中建立起讫点矩阵。在紧急撤离过程中，花费时间是首要的考虑因素，因此以时间为成本对矩阵进行求解。

在发达国家，私人汽车占有率高，大多数居民都可乘坐汽车自行撤离。在中国等发展中国家，并不是每户家庭都拥有私人汽车。而且溃坝通常具有突发性，在极端情况下，政府可能没有充足的时间组织全部人员进行有序撤离，因此考虑 PAR 以四种方式自行撤离：步行、自行车、摩托车和汽车。

汽车撤离时受路况影响较大，在不同道路类型（高速路、快速路、主干路等）和路况下行驶时间会不一样。道路交通阻抗函数是指路段行驶时间与路段交通负荷之间的函数关系，它是交通网络分析的基础，美国联邦公路管理局（Federal Highway Administration，FHWA）在对大量路段进行交通调查的基础上总结得到了路段通行时间与道路流量的关系，如式（5.10）所示。

$$t = t_0\left[1+\alpha\left(\frac{Q}{C}\right)^{\beta}\right] \tag{5.10}$$

式中：t 为车辆在路段上的通行时间；t_0 为路段自由出行时间；Q 为路段车流量；C 为路段设计通行能力；α、β为参数，通常α=0.15，β=4.0。

在实际溃坝洪水灾害发生后的撤离过程中，路口信号灯主要靠人为控制，可以不予以考虑，但是行人四处横穿道路可能对交通状况有较大的干扰，因此引入系数 μ 对路段设计速度（v_0）进行修正，如式（5.11）和式（5.12）所示。

$$t_0 = \frac{l}{v} \tag{5.11}$$

$$v = \mu \cdot v_0 \tag{5.12}$$

式中：l 为路段长度；v 为车辆在路段上的行驶速度；v_0 为路段设计速度；μ 为行人干扰系数，取值标准如表 5.3 所示。

表 5.3　行人干扰系数取值

项目	行人干扰程度					
	很严重	严重	较严重	一般	很小	无
μ	0.5	0.6	0.7	0.8	0.9	1.0

在理想情况下，步行、骑自行车和骑摩托车撤离的平均速度分别为 6 km/h、16 km/h 和 50 km/h。然而，由于一些道路的通行能力差，往往达不到理想的速度。因此，选择与通行能力有很大关系的道路限速来设定速度。例如，在限速 20 km/h 的道路上行驶时，无论是步行还是骑自行车都可以达到自己理想的平均速度，而骑摩托车只能达到 20 km/h 的最高速度。每条道路上的疏散时间可以用道路的长度除以平均行驶速度得到。

当可用时间大于所需时间，即 $T_W-(T_{RW}+T_R)>$撤离花费时间时，认为人口可以成功撤离，那么 R_E 可根据式（5.2）确定。

5.4.3 暴露人口 R_S 的确定

在建筑物倒塌、无法提供安全避难所的地方，可能造成重大的 LOL。PAR 选择自己所在或附近区域的建筑物作为避难场所，其所需的时间很短，因此可以认为洪水到达前已经均匀分布在建筑物内。建筑物破坏主要受 S_F 和 V_B 的影响。芬兰赫尔辛基理工大学（Helsinki University of Technology）进行了建筑物损害试验[146]，提出了房屋破坏标准，王志军等[81]借鉴其相关成果，建立了我国的房屋破坏参考标准，如表 5.4 所示。

表 5.4 我国房屋破坏参考标准

房屋类型	破坏标准
泥土结构平房	$D\geqslant0.9$ m且$S_F\geqslant2$ m^2/s
砖砌、混凝土结构平房	$V\geqslant2$ m/s且$S_F\geqslant7$ m^2/s
2层楼房	$V\geqslant2.4$ m/s且$S_F\geqslant15$ m^2/s
3层楼房	$V\geqslant2.4$ m/s且$S_F\geqslant22$ m^2/s
4层楼房	$V\geqslant2.54$ m/s且$S_F\geqslant29$ m^2/s

注：对于更高的楼房，其抵抗洪水的能力相当强，可以认为不能被破坏。

根据表 5.4，V_B 主要由建筑物材料类型和楼层数决定，建筑物材料可通过卫星、RS 数据或实地调查等手段获取，楼层数信息可由建筑物矢量数据转换得出。建筑物矢量数据包括建筑物的底面轮廓信息和高度空间分布信息，底面轮廓信息可以用来判断房屋在哪个破坏区域的洪水中，高度空间分布信息可通过对应准则，转化为楼层数信息，如表 5.5 所示。

表 5.5 楼房高度转换层数信息的规则

项目	高度/m			
	≤4	5～7	8～10	11～13
层数/层	1	2	3	4

在 GIS 中将溃坝洪水根据房屋破坏参考标准进行分区，然后与转换为楼层数信息的建筑物矢量数据叠加分析，即可判断房屋是否被破坏。值得注意的是，一个房屋可能同时处于多个破坏区域，此时应按它处于最严重破坏区域时的情况判断。例如，在 3 层楼房破坏区域，层数为 3 层或低于 3 层的房屋将会被破坏，层数高于 3 层的房屋不会被破坏；当一个 2 层楼房同时处于 2 层楼房破坏区域和 3 层楼房破坏区域时，那么此时认为它将被破坏。最后统计出各居民区的房屋破坏数量，即可根据式（5.3）得出未撤离人口的躲避率 R_S。

5.5 模拟分析

5.5.1 研究区域概况

陆浑水库位于黄河支流伊河上游的中国河南省嵩县境内，是一座以防洪为主，兼顾灌溉、发电、供水和旅游的大（1）型水库。水库总库容 13.16 亿 m^3，水库设计洪水标准为 1 000 年一遇，校核洪水标准为 10 000 年一遇。主坝为土石坝，最大坝高为 55 m。坝址下游至龙门石窟区域主要为丘陵浅山地形，两岸山势开阔，中间地势平坦。居民主要在河道附近居住，距河道较远的山地区域分布则较稀疏。交通道路以次干道和支路为主，高速路、快速路和主干道等高等级道路较少。龙门石窟下游区域地形开阔，人口密集，交通发达，是学校、企业、政府机关等的主要所在地。

5.5.2 溃坝洪水模拟

陆浑水库主坝为土石坝，土石坝的破坏形式主要有以下几种[150-151]：①汛期遭遇超标洪水而漫顶溃坝；②非汛期在正常水位下因渗流、管涌等溃坝；③因地震或战争等溃坝。根据相关统计资料，漫顶是土石坝失事的最主要原因[152]，因此模拟陆浑水库在无预警时间工况下的溃坝情景。土石坝为逐渐溃坝，而且多为横向部分溃坝[153-155]，竖向的溃口高度目前暂无权威的估算方法[156]。保守起见，考虑溃至坝底的最不利情况。因此，设定工况为漫顶逐渐溃坝，横向局部溃坝，竖向溃至坝底。在对溃口模拟的同时，还需结合下游淹没区的情况，把下游地形划分为 50 m×50 m 的计算网格，并考虑不同类型土地对洪水演进的影响，对其曼宁系数进行赋值，进而完成对溃坝洪水的模拟[157-158]。

经洪水演进分析可知，本模型中所设定工况的溃口在 1.35 h 后达到最大，最终底宽 165 m，溃口最大流量为 57 769 m^3/s。下泄洪水由嵩县向下游演进，经过 0.8 h 后至伊川县境内，3.6 h 后穿过伊川县到达洛龙区龙门石窟附近，受其狭窄山谷和低洼地势影响，区域内最大水深高达 29 m 左右，河道中心的流速急剧增加至 23 m/s 左右。洪水穿过龙门石窟之后，由于下游地势平坦开阔，洪水开始发散，流速渐缓，8.7 h 后演进至偃师区。洛阳市内的洪水淹没总面积约为 291 km^2，主要涉及洛阳市内嵩县、伊川县、洛龙区和偃师区 4 个区域内的 14 个居民点，距坝址由近到远分别是鸣皋镇（A）、白元镇（B）、城关镇（C）、彭婆镇（D）、龙门石窟左岸（E）、龙门石窟右岸（F）、龙门镇（G）、诸葛镇（H）、太康东路街道（I）、李楼镇（J）、佃庄镇（K）、庞村镇（L）、翟镇镇（M）和岳滩镇（N），潜在淹没情况如图 5.2 所示。

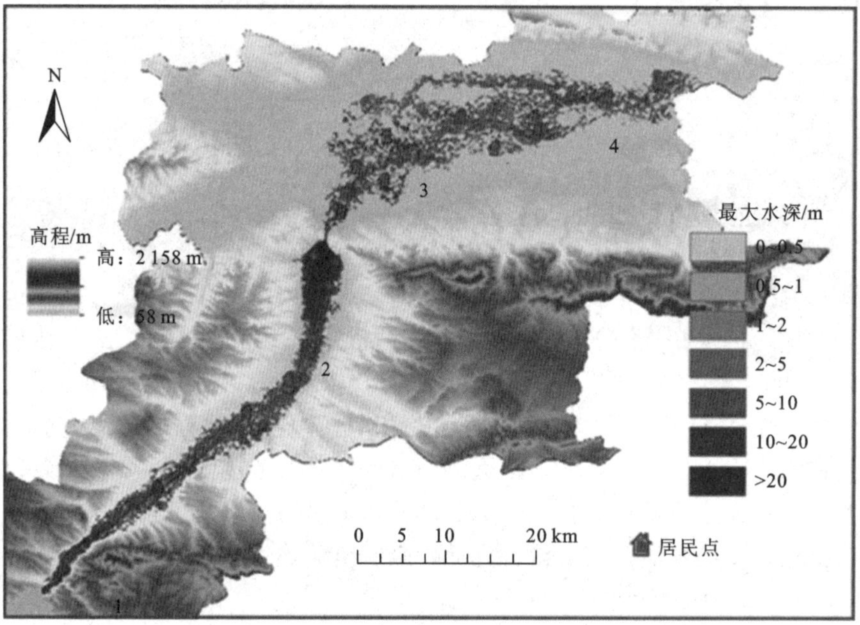

图 5.2 模拟工况下洛阳市内居民点淹没情况

1～4 表示 4 个区域

5.5.3 PAR 避难行为模拟结果

据统计，截至 2021 年，陆浑水库所在的洛阳市私家车拥有率为 19.55%，假设撤离人员会优先选择乘坐汽车，剩下的人员平均以骑摩托车、骑自行车和步行方式撤离，那么乘坐汽车撤离的居民比例为 48.87%，其余三种方式撤离的居民比例均为 17.04%[147]。在起讫点矩阵中量化出各居民点 PAR 以不同方式撤离所需的时间，如图 5.3 所示。

假定三种情况：各居民点分别在洪水到达前 0、0.5 h 和 1 h 发出警报。PAR 成功撤离的条件为可用时间大于所需时间，即 $T_W-(T_{RW}+T_R)>$撤离花费时间。根据洪水到达时间和已量化出的撤离所需时间，可计算出为实现成功撤离，完成准备工作所允许的时间最大值（即 $T_{RW}+T_R$），它对应的 R_P 即 PAR 中能成功撤离的比例，即 R_E。

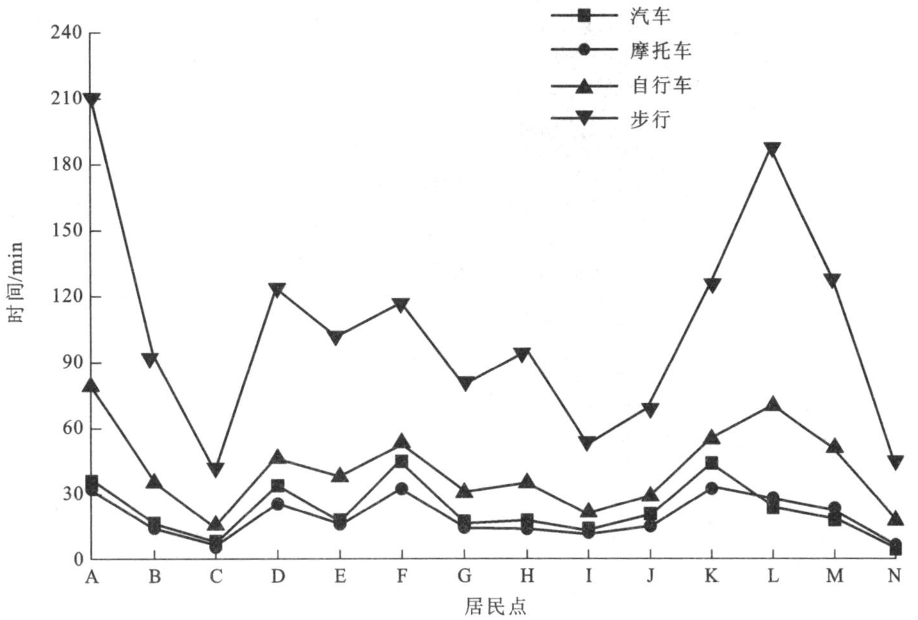

图 5.3　模拟工况下各居民点撤离所需时间

由转化为层数后的建筑物矢量数据可知，下游淹没居民区域极少存在 1 层房屋，同时结合现今基本不存在泥土结构房屋的实际情况，可认为下游的房屋均为砖砌或混凝土结构。以伊川县城关镇为例，使用 GIS 量化下游区域内房屋的破坏情况（图 5.4）。通过统计模型中区域房屋破坏的比例，得出对应的 R_S，同样地，可对其余区域的 R_S 进行量化。

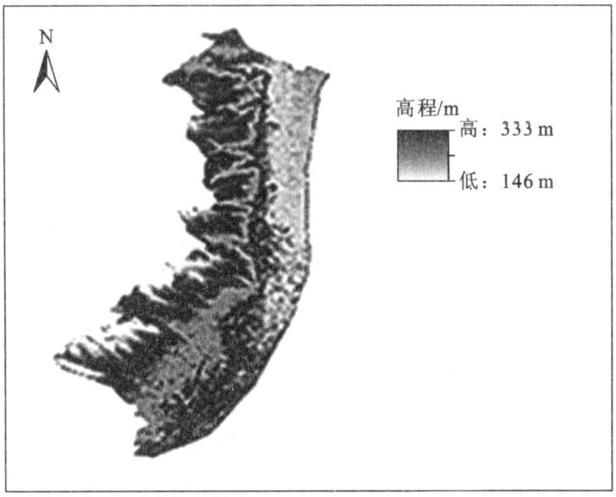

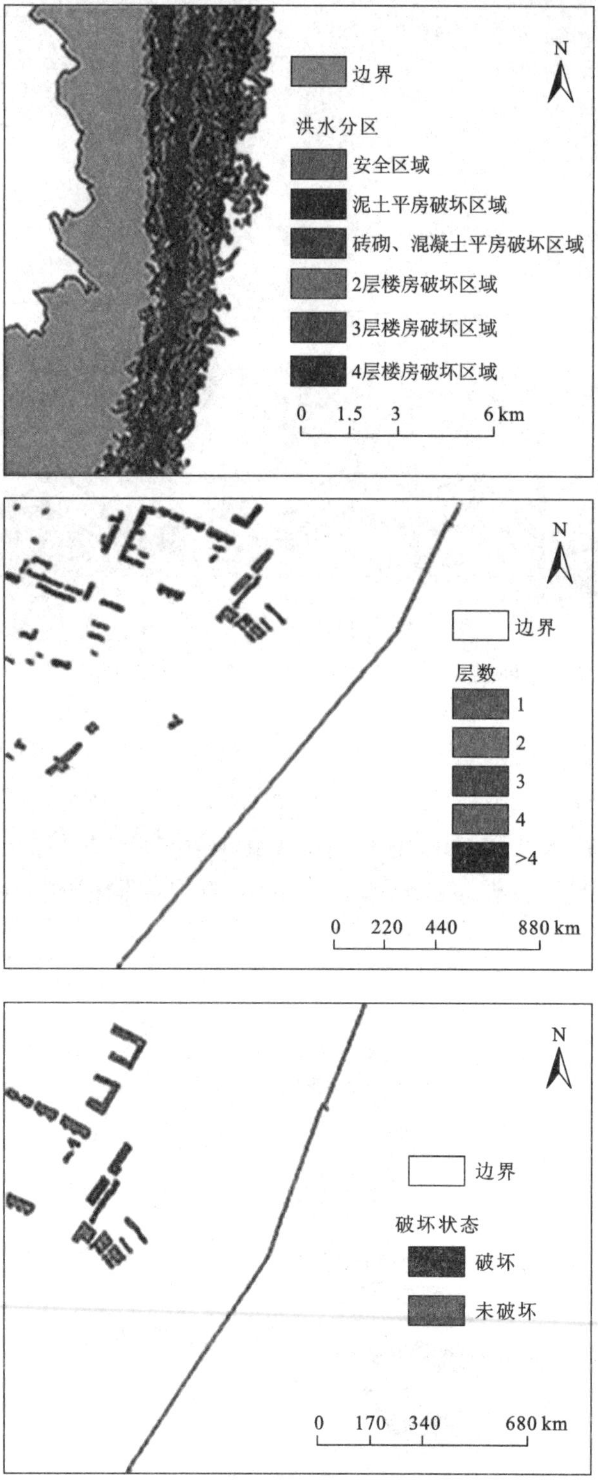

图 5.4 模拟工况下城关镇房屋破坏情况量化

5.5.4　LOL 评估结果

根据洪水演进和人口避难的模拟结果，各居民点指标计算情况及潜在 LOL 评估结果如表 5.6 所示。

表 5.6　下游 14 个居民点的潜在 LOL 估算情况

居民点	PAR/人	R_E/%			R_S/%	暴露人口死亡率分区	F_M	LOL/人		
		T_W=0	T_W=0.5 h	T_W=1 h				T_W=0	T_W=0.5 h	T_W=1 h
A	8 614	0	0	31.518	61.670	I	1.000	3 302	3 302	2 261
B	12 527	0	6.588	74.104	55.001	I	1.000	5 637	5 370	1 460
C	21 982	0	27.472	87.390	72.730	I	1.000	5 994	4 809	756
D	10 569	0	0	40.108	67.331	II	0.781	2 697	2 697	1 615
E	6 360	0	5.519	71.415	68.319	III	0.033	66	64	19
F	3 465	0	0	15.094	69.301	III	0.028	30	30	25
G	4 032	0	7.564	73.140	63.674	I	1.000	1 465	1 385	393
H	10 302	0	5.552	73.287	81.853	II	0.113	141	136	38
I	7 426	0	12.295	82.454	77.309	II	0.127	10	9	2
J	29 551	0	3.110	75.181	64.909	III	0.032	332	324	80
K	20 528	0	0	16.334	73.208	II	0.837	4 603	4 603	3 851
L	8 405	0	0.100	56.181	91.422	III	0.007	5	5	2
M	31 043	0	1.820	63.357	71.063	III	0.005	45	44	16
N	20 215	0	17.042	85.471	69.660	III	0.021	129	113	19

运用李-周法[157]计算潜在溃坝 LOL，并与上述模型的计算结果进行对比分析，如表 5.7 所示。

表 5.7　两模型计算结果比较

S_F	居民点	T_W/h	死亡率/%	
			本模型	李-周法范围
高（S_F>12 m^2/s）	A、B、C、G	0	38.33、45.00、27.27、36.33	（10，100）
		0.5	38.33、42.86、21.88、34.35	（0，40）
		1	26.25、11.65、3.44、9.76	（0，40）

续表

S_F	居民点	T_W/h	死亡率/%	
			本模型	李-周法范围
中（S_F>4.6 m²/s）	D、H、I、J、K、N	0	25.51、2.05、2.88、1.12、22.42、0.64	（2，80）
		0.5	25.51、1.97、2.63、1.10、22.42、0.56	（0.05，27）
		1	15.28、0.55、0.51、0.27、18.76、0.09	（0.05，27）
低（S_F≤4.6 m²/s）	E、F、L、M	0	1.05、0.86、0.06、0.14	（0，5）
		0.5	1.00、0.86、0.06、0.14	（0，1.5）
		1	0.30、0.73、0.03、0.05	（0，1.5）

根据表 5.7 可知：

（1）B（白元镇）在 T_W 为 0.5 h 时，死亡率的评估值为 42.86%，评估结果不在李-周法的范围之内。这是由于 B 属于乡镇区域，与城市区域相比，其房屋质量较差，仅有约 55%的房屋能有效抵挡区域内的洪水，大多数未撤离人口会暴露在洪水中，因此造成了较大的 LOL。

（2）J（李楼镇）和 N（岳滩镇）在 T_W 为 0 时，死亡率评估值分别为 1.12%和 0.64%，评估结果不在李-周法的范围之内。这是因为 J 和 N 的 S_F 为中等主要由其水深较大导致，然而其流速较小，洪水对房屋和暴露人口产生的冲击有限，因此并不会造成较严重的伤亡。其余居民点在不同 T_W 下的评估结果均在李-周法范围之内，验证了模型的精准性。

（3）由图 5.3 可知，A（鸣皋镇）和 L（庞村镇）步行撤离所需用时最长，分别为 210 min 和 187 min，其余居民点完全步行撤离所需用时均在 130 min 以内，最长为 128 min。L 距坝址较远，洪水到达时间较晚，若预警及时，人口会有充足的时间进行撤离；A 在 14 个居民点中最靠近坝址，溃坝洪水在 50 min 内到达，远小于其撤离所需时间，在溃坝工况下相关部门应优先考虑安排疏散。

（4）步行撤离所需用时较长的居民点为 D（彭婆镇）、F（龙门石窟右岸）、K（佃庄镇）、M（翟镇镇），用时分别为 124 min、117 min、126 min 和 128 min。D 和 K 区域内洪水较严重，应优先安排撤离。F 的人口以摩托车、汽车方式撤离所需时间均大于 M，然而以步行和自行车方式撤离所需时间要小于 M。因此，溃坝工况下应急管理人员应根据 T_W 和疏散所需时间，妥善安排各居民点撤离顺序，制订具体疏散措施，尽可能降低潜在 LOL。

（5）值得注意的是，若发生溃坝灾害，在 T_W 较充足的情况下，将会有较多的居民撤离至核桃园、洛浦公园、洛龙和洛阳体育中心进行避难（如图 5.5 中三角位置所示），可能会出现人员拥挤的情况。建议溃坝工况下，在妥善安置受伤人员后，应将部分人员转移到附近老城区体育公园、牡丹公园、牡丹广场和王城小学上阳分校等位置进行避难（如图 5.5 中圆点位置所示）。另外，相对于洛龙区，伊川县内的避难位置较少，造成了人员撤离的不便，建议相关部门在较高区域增加避难所数量，以应对潜在风险。

图 5.5　模拟工况下撤离人员较多的避难位置

（6）与现有方法相比，本模型评估潜在溃坝 LOL 的同时，量化了撤离时间、有效避难位置等重要信息，便于帮助相关部门有效制订避难策略。另外，实际撤离过程中可能发生意外情况（例如，车祸、树木断裂和石头滚落等造成道路障塞或无法通行；因附近建筑物是有毒物质存放处、化工企业、监狱或军事基地等而不能进入躲避），后续研究可在 GIS 中对相应位置的矢量数据通过设置路障或禁行等措施进行处理，以应对突发情况带来的影响。

（7）本模型的精度受洪水特性影响较大。在模拟洪水演进的过程中，溃口参数和下游粗糙系数的设定都对演进结果有较大影响，因此可根据具体情况对参数进一步选择和处理，以保证评估结果的准确性。另外，本模型未考虑极端天气（暴雨、大雾、冰雹等）对撤离的影响，而且由于缺乏试验区详细系统的数据，在一些假设情景下对部分参数进行了设定，所以并不能完全代表 PAR 真实的避难情况。

5.6 本章小结

本章根据灾害学理论和 LOL 形成过程提出了 LOL 计算公式，通过洪水演进和人口避难模拟对 LOL 进行了评估。基于水动力模型对溃坝洪水进行了模拟，确定了 PAR 的数量及暴露人口的死亡率；基于 GIS 及相关矢量数据对人口避难行为进行了模拟，量化了 PAR 的 R_P、撤离时间、R_E、房屋的破坏情况、未撤离人口的 R_S 等。选取陆浑水库下游 14 个居民点对模型进行模拟验证，通过与现有方法的比较，验证了模型的准确性，所提出方法可有效确定溃坝可能造成的 LOL，其评估结果可为避难场址规划和相关部门制订应急预案提供借鉴与参考。

第 6 章

基于改进集对分析法的溃坝环境影响评价

6.1 概　　述

溃坝产生的洪水，通常具有流速高、泥沙含量大、破坏力强等特点。洪水冲击及泥沙淤积，会对水环境、土壤环境、植被覆盖及人为生态环境造成极大的破坏，甚至会改变原有河道形态，从而产生严重的环境影响。近年来，随着全社会环境保护意识的提高，溃坝环境影响也受到了更多的关注。尽管大坝工程风险分析技术发展迅速，但是与潜在 LOL 和 LOE 相比，目前在溃坝环境影响方面的研究较少。溃坝环境影响的后果多样，其量化方法及量纲的统一存在很大的难度。近年来，集对分析法因使用较为简便的语言和形式来处理不确定性系统中评价指标和评价结果之间的内在联系，在溃坝环境影响评价方面表现出了较好的优势。但是该方法仍存在着评价值过于接近、评价等级不明确等不足[95]。

因此，本书引入集对分析法并对其进行改进，将传统的同、异、反三级联系度扩展为同一、优异、劣异、优反、劣反五个等级；结合云模型，定量分析影响因素的权重，构建基于改进集对分析法的溃坝环境影响评价模型。

6.2 集对分析法

集对分析法的本质是一种不确定性研究方法。它与确定性是一对矛盾体，而矛盾是推动事物发展的基本动力。因此，从某种意义上说，不确定性是客观事物运动和发展的本源。不确定性与确定性共同存在于同一事物或系统中，它们互相联系、互相影响、互相制约，并在一定条件下互相转化，从而形成了确定-不确定系统。集对分析法正是将确定性与不确定性作为一个系统来加以研究。

集对分析法可视为学者对 19 世纪德国数学家康托尔（Cantor）建立的集合论的进一步研究和拓展，同时又与非线性、分形、混沌等系统的复杂性理论相衔接。集对分析法作为处理不确定性问题的系统理论方法，明确了在一个评价系统中评价指标在各个评价级别都具有同、异、反联系的客观事实，且在联系度 μ 的计算过程中，将确定性和不确定性信息分开考虑，不仅使得事物的特征被更全面地刻画，也提高了信息的利用率。

6.2.1 集对分析法的基本概念

1. 集对

集对分析法由中国学者赵克勤在 1989 年首次正式提出[159]。它的核心思想是建立两个有一定联系的集合来研究某一问题。集对指的是具有一定联系的两个集合组成的对子。组成集对的两个集合可以包含各式各样的内容，它们既可以是自然界的客观现象，也可以是人类社会的普遍规律，如进攻与防御、化合与分解、天时与地利、生产与销售、质量与标准、过去与现在、武器与装备，以及大小、中外、好坏、胜败、聚散等[160]，其中最常用的两个集合形式是评价标准集与评价指标集。

同一、差异和对立用来描述两个集合 A 和 B 的特性，如图 6.1 所示。

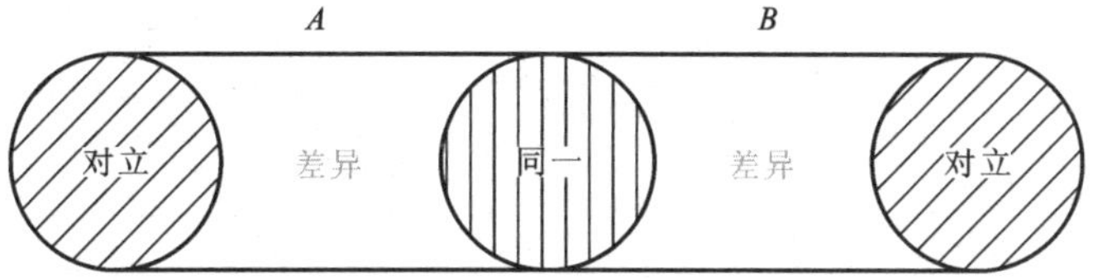

图 6.1　两个集合的同一、差异和对立

2. 联系度

集对 $H=(A, B)$由集合 A 和集合 B 组成，共有 N 个特性。其中 S 个特性由集合 A 和集合 B 共同具有，P 个特性对立，其余 F 个特性不同。用两个集合的联系度来定量描述系统的不确定性，如式（6.1）所示。

$$\mu=\frac{S}{N}+\frac{F}{N}i+\frac{P}{N}j=a+bi+cj \tag{6.1}$$

式中：μ 为联系度；a、b、c 为联系度分量，分别表示同一度、差异度和对立度，$a, b, c\in[0, 1]$，$a+b+c=1$，a、c 确定，b 相对不确定；i 为差异标记符号或相应系数，$i\in[0, 1]$；j 为对立标记符号或相应系数，$j=-1$。

由式（6.1）可知，联系度 μ 是两集合同一度、差异度和对立度的代数和，在某问题的分析运算过程中可以看作一个数，故联系度 μ 又称为联系数。其中，i 和 j 同时具有双重含义：一方面，它们分别表示差异度系数和对立度系数；另一方面，不关注 i 和 j 的具体取值，它们仅起标记作用，用于区分同一度、对立度和差异度。在实际分析中，i 和 j 同时具有上述两种含义，从而使分析或计算过程更直观和便捷。

3. 集对势

集对势是指当联系度表达式 $\mu=a+bi+cj$ 中的对立度 $c\neq0$ 时，同一度 a 与对立度 c 的比值，记为 $\mathrm{shi}(H)=a/c$。a、b、c 分别反映了集对中两集合的同、异、反联系度，它们的数值差异在一定意义上反映了集对中两集合的联系趋势，即集对势[160]。

根据同一度与对立度的比值大小，集对势可表现为三种联系趋势，分别为：集对同势，反映了研究系统中构成集对的两个集合具有联系上的同一趋势；集对反势，反映了研究系统中构成集对的两个集合具有联系上的对立趋势；集对均势，反映了研究系统中构成集对的两个集合的联系趋势处于同一趋势和对立趋势之间的“势均力敌”

状态。同类型集对势或不同类型集对势之间，仍需要通过差异度 b 的取值大小来反映联系程度的趋势大小。具体取值分类如表 6.1 所示[161]。

表 6.1　集对势分类情况表

集对势	等级划分	集对势强弱类型	a、b、c大小关系
同势	一级	准同势	$a>c$，$b=0$
	二级	强同势	$a>c$，$c>b$
	三级	弱同势	$a>c$，$a>b>c$
	四级	微同势	$a>c$，$b>a$
均势	一级	微均势	$a=c$，$b>a$
	二级	弱均势	$a=c$，$b=a$
	三级	强均势	$a=c$，$a>b>0$
	四级	准均势	$a=c$，$b=0$
反势	一级	准反势	$a<c$，$b=0$
	二级	强反势	$a<c$，$0<b<a$
	三级	弱反势	$a<c$，$c>b>a$
	四级	微反势	$a<c$，$b>c$
无穷大势			$c=0$，$a>b$
不确定趋势的无穷大势			$c=0$，$a\leqslant b$

由表 6.1 可知，当集对势表现为同势时，同势的强弱程度随 b 的增大而减小；当集对势表现为均势时，均势的强弱程度随 b 的减小而增大，且当 $b=0$ 时达到极限，极限值为 $a/c=1$，此时 $a=c=0.5$；当集对势表现为反势时，反势的强弱程度随 b 的增大而减小；当 $b=1$ 时，此状态可以看作微反势的一种极限状态，称为两集合的超不确定状态。以上集对势的变化规律表明，无论是同类别集对势之间还是不同类别集对势之间，集对势都存在着次序明显的大小关系。由此可知，集对势的大小变化与集对之间的不确定性有密切的关系[162]。

4. 最大集对势原理

最大集对势原理可理解为：通过计算和比较某集对中评价对象对不同评价标准或评价等级的集对势，可确定评价对象与不同评价标准或评价等级的联系趋势差异，从而实现对方案比选、多属性决策和等级评价等问题的处理。针对等级评价问题，最大集对势原理指在集对势向量中，评价对象对应的集对势最大的评价等级，为评价对象的评价结果，评价对象与该评价等级的联系度最强。最大集对势原理类似于模糊数学理论中的最大隶属度原则[163]。

集对分析法在多属性决策、方案比选和等级评价等方面的分析方法较多，主要通过对同、异、反联系度 a、b、c 进行比较、分解、运算变换、纵横展开及集对势大小比较等方式实现，包括直接比较分析法、i 取值分析法、纵横展开分析法、四则运算法、模糊分析法、概率分析法及向量分析法等。其中，运用最大集对势原理进行分析的方法因概念清晰、计算简洁而被应用得较多。

6.2.2　集对分析法的特点及应用

1. 集对分析法的特点

赵克勤在《集对分析及其初步应用》一书中将集对分析法的基本思路概括为“客观承认、系统描述、定量刻画、具体分析”这 16 个字[159]。结合以上分析，集对分析法作为处理不确定性问题的系统理论方法具有以下特点[162]。

（1）全面性。长期以来，人们对事物或系统的确定性规律研究，无论是在宏观层次上还是在微观层次上均已经相当深入。不确定性作为自然界和人类社会中普遍存在的一种客观现象，它的普遍性完全等同于确定性的普遍性。集对分析法对不确定性的态度是“客观承认”，通过联系度 μ 从同、异、反三方面对研究对象系统中有关确定性和不确定性的状况与程度进行定量刻画。因此，集对分析法对事物或系统的研究具有全面性。

（2）定性与定量相结合。集对分析法运用集对的方法对事物或系统进行研究，但集对的两个集合中包含的信息有些可以定量分析，有些只能定性分析，同时其还存在着属性类型的差异和量纲的不同。集对分析法通过联系度 μ 这一数学工具，用同一度、差异度、对立度 a、b、c 的“量化值”来反映两集合的信息，同时考虑了主观和客观信息，将定量与定性相结合进行分析。

（3）确定性和不确定性的系统研究。某些不确定性理论在分析问题时，主要思路是将系统的不确定性通过一定的方法转化为便于研究的确定性来加以分析，但这些方法在转化过程中常会遇到定量刻画困难或转化条件不足的问题。集对分析法的不同之处是将确定性与不确定性作为一个系统来研究，根据系统中确定性与不确定性的依存关系及一定条件下的渗透转化特点，将确定性分为同一与对立两个侧面，分别用 a 和 c 来定量描述，并通过差异度 b 来度量宏观层面上系统在同一与对立之间的不确定性，最终通过联系度 μ 实现对系统确定性和不确定性的综合描述。

（4）适用性强、应用范围广。不确定性问题存在于科学、技术、经济、社会、哲学和思维等诸多领域中，这些客观的研究问题在科学发展过程中是不可回避的。而集对分析法作为研究不确定性的系统理论方法，通过对立统一的理论思想，将所研究的系统或过程的确定性与不确定性放在整体层面进行统一分析，具有较强的适用性。它既可以研究宏观系统和微观系统，又可以研究简单系统和复杂系统，目前已在社会经济、环境影响、自然生态、大坝安全、矿井安全和城市建设等诸多领域的综合安全评价方面被广泛应用，并取得了一定的应用价值和研究成果，对其他领域的应用具有指导价值。

2. 集对分析法的应用

集对分析法作为一种处理不确定性问题的系统方法，在许多领域得到了应用，并取得了良好的效果。Su 等[164]基于集对分析法对城市生态系统健康水平进行了评价，定义并评价了实际指标为最优值时的近似程度，以描述相关城市生态系统的相对健康状态；Hu 和 Yang[165]提出了一种基于累积前景理论和集对分析法的动态随机多准则决策方法；Li 等[166]引入集对分析法进行了地下水水质评价，并对各指标赋予熵权，以改进评价模型；Wang 等[167]将集对分析法应用于洪水风险评估；Cao 等[168]提出了一种基于集对分析法的解决区间直觉随机多准则决策问题的方法；Bu 等[169]提出了基于集对分析法和隧道地震预测的超前优化分类方法，以准确预测围岩分类；Garg 和 Kumar[170]提出了基于集对分析法的连接数集距离测度研究方法。

一些学者已经将集对分析法应用到水利风险分析中。贺瑞敏等[171]引入熵值法，完善了区域水环境承载力评价的集对分析模型；Wang 等[172]研究了两个基于集对分析法的水资源评价案例；Zou 等[173]提出了基于集对分析法和可变模糊集理论的洪水风险综合评价新模型；Wang 等[174]采用小波去噪和秩集对分析相结合的方法，改进了水文气象时间序列的预测方法；Zheng 等[175]通过对尾矿坝存在的安全隐患进行查找和分析，建立了安全评价指标体系，并运用集对分析法对尾矿坝的安全性进行了分析。然而，传统的集对分析法存在着评价结果失真和评价结果矛盾的粗糙问题[176]。

确定集对的联系度是建立评价模型和获得准确结果的关键[177]。在传统的集对分析法中，同一度是指一个不确定系统的两个集合属于同一评价等级，对应的联系度为 1。对立度表示两个集合属于相隔评价等级，对应的联系度为-1。差异度意味着它们属于相邻的评价等级，且对应的联系度$\in(-1, 1)$。然而，当两个集合属于相邻等级或相隔等级时，它们可能位于评价等级优越一边或劣差一边。在这种情况下，传统的集对分析法很难准确、细致地确定评价样本的等级，因为评价结果相差很大。因此，利用联系度的可扩展性，引入广义集对势，对该方法进行改进，并将其应用于溃坝环境影响评价。

6.2.3 传统集对分析法的改进

1. 基本改进思路

1）联系度的扩展

对传统的集对分析法进行改进，扩展原有的联系度。具体划分为差异与对立，将对应的联系度分为五个等级，分别是同一、优异、劣异、优反、劣反，如图 6.2 所示。

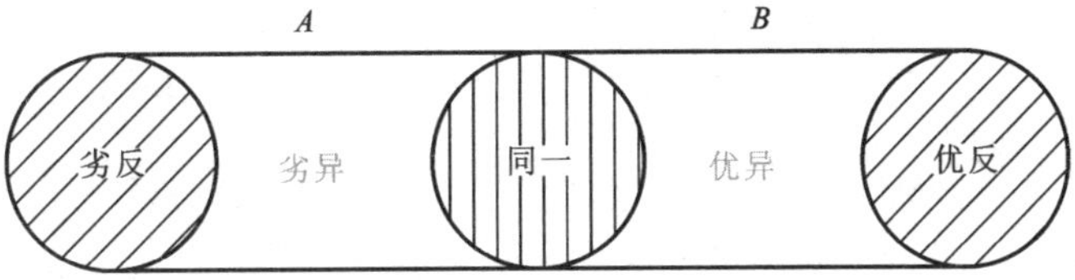

图 6.2　两个集合联系度的五个等级

在溃坝社会影响评价中，指标值 $A=[x_1,x_2,\cdots,x_k,\cdots,x_n]$ 为一个集合，评价等级标准 $B=[0\sim s_1,\cdots,s_{k-1}\sim s_k,\cdots,s_4\sim s_5]$ 为另一个集合，构成一个集对 $H=(A,B)$。

对两集合指标值 x_k 和标准值 $s_{k-1}\sim s_k$ 进行比较分析。

（1）对于越小越优型指标，若 x_k 处于 $s_{k-1}\sim s_k$ 范围中，则认为同一，$a=1$。

（2）当 x_k 处于 $s_{k-1}\sim s_k$ 相邻的评价级别中时，若 $x_k<s_{k-1}$，则认为是优异，其值记为 b_1；若 $x_k>s_k$，则认为是劣异，其值记为 b_2。

（3）当 x_k 处于 $s_{k-1}\sim s_k$ 相隔级别中时，若 $x_k<s_{k-2}$，则认为是优反，其值记为 c_1；若 $x_k>s_{k+1}$，则认为是劣反，其值记为 c_2。

因此，式（6.1）可改写为式（6.2）的形式。

$$\mu=a+(b_1+b_2)i+(c_1+c_2)j=a+b_1i^++b_2i^-+c_1j^++c_2j^- \tag{6.2}$$

其中，$a+b_1+b_2+c_1+c_2=1,\ i^+\in[0,1],\ i^-\in[-1,0],\ j^+=\{0,1\},\ j^-=-1$。

2）确定联系度

根据上述改进，可确定相应五个等级的联系度，如式（6.3）～式（6.7）所示。

$$\mu_1=\begin{cases}1, & [0,s_1)\\ \dfrac{s_1}{x_k}+\dfrac{x_k-s_1}{x_k}i^-, & [s_1,s_2)\\ \dfrac{s_1}{x_k}+\dfrac{s_2-s_1}{x_k}i^-+\dfrac{x_k-s_2}{x_k}j^-, & [s_2,s_5)\end{cases} \tag{6.3}$$

$$\mu_2=\begin{cases}\dfrac{s_2-s_1}{s_2-x_k}+\dfrac{s_1-x_k}{s_2-x_k}i^+, & [0,s_1)\\ 1, & [s_1,s_2)\\ \dfrac{s_2-s_1}{x_k-s_1}+\dfrac{x_k-s_2}{x_k-s_1}i^-, & [s_2,s_3)\\ \dfrac{s_2-s_1}{x_k-s_1}+\dfrac{s_3-s_2}{x_k-s_1}i^-+\dfrac{x_k-s_3}{x_k-s_1}j^-, & [s_3,s_5)\end{cases} \tag{6.4}$$

$$\mu_3=\begin{cases}\dfrac{s_3-s_2}{s_3-x_k}+\dfrac{s_2-s_1}{s_3-x_k}i^{+}+\dfrac{s_1-x_k}{s_3-x_k}j^{+}, & [0,s_1)\\ \dfrac{s_3-s_2}{s_3-x_k}+\dfrac{s_2-x_k}{s_3-x_k}i^{+}, & [s_1,s_2)\\ 1, & [s_2,s_3)\\ \dfrac{s_3-s_2}{x_k-s_2}+\dfrac{x_k-s_3}{x_k-s_2}i^{-}, & [s_3,s_4)\\ \dfrac{s_3-s_2}{x_k-s_2}+\dfrac{s_4-s_3}{x_k-s_2}i^{-}+\dfrac{x_k-s_4}{x_k-s_2}j^{-}, & [s_4,s_5)\end{cases}\tag{6.5}$$

$$\mu_4=\begin{cases}\dfrac{s_4-s_3}{s_4-x_k}+\dfrac{s_3-s_2}{s_4-x_k}i^{+}+\dfrac{s_2-x_k}{s_4-x_k}j^{+}, & [0,s_2)\\ \dfrac{s_4-s_3}{s_4-x_k}+\dfrac{s_3-x_k}{s_4-x_k}i^{+}, & [s_2,s_3)\\ 1, & [s_3,s_4)\\ \dfrac{s_4-s_3}{x_k-s_3}+\dfrac{x_k-s_4}{x_k-s_3}i^{-}, & [s_4,s_5)\end{cases}\tag{6.6}$$

$$\mu_5=\begin{cases}\dfrac{s_5-s_4}{s_5-x_k}+\dfrac{s_4-s_3}{s_5-x_k}i^{+}+\dfrac{s_3-x_k}{s_5-x_k}j^{+}, & [0,s_3)\\ \dfrac{s_5-s_4}{s_5-x_k}+\dfrac{s_4-x_k}{s_5-x_k}i^{+}, & [s_3,s_4)\\ 1, & [s_4,s_5)\end{cases}\tag{6.7}$$

式中：μ_1～μ_5 分别为同一、优异、劣异、优反、劣反的联系度；s_1、s_2、s_3、s_4、s_5 分别为各评价等级标准界限值；x_k 为评价指标值。

综合联系度向量可根据各指标的联系度计算，如式（6.8）所示。

$$\boldsymbol{H}=\boldsymbol{\omega}\cdot\boldsymbol{\mu}\tag{6.8}$$

式中：$\boldsymbol{\omega}$ 为各评价指标的权重向量；$\boldsymbol{\mu}$ 为联系度矩阵。

2. 基于云模型的指标权重计算

采用集对分析法进行评价时，需有效明确各指标的权重。当前对指标权重进行分析使用较多的方法主要有主观赋权法、客观赋权法、主客观综合赋权法三大类。

主观赋权法主要是由专家根据自身工程经验来确定指标权重。但是此类方法受专家对事物的认知程度及个人主观偏好的影响很大，在运用过程中常会面临专家意见不一致甚至矛盾的问题。

客观赋权法主要是根据各指标的客观特性和取值来明确其权重，可有效避免人为因素对指标权重分布结果造成的不利影响。但是在实际问题中，由于事物本身的特点或人们认知的不足，很多指标是定性或难以量化的，客观赋权法在分析此类指标的权重时会面临适应性不足的问题。

主客观综合赋权法充分考虑上述两种方法的特点，运用主观赋权法分析难以量化的指标的权重，运用客观赋权法分析可直观量化的指标的权重，同时在此过程中充分考虑各指标之间的相互联系和作用机制。该方法因具备既充分运用客观数据，又充分借鉴主观经验的优点，受到了人们的重视和广泛应用。

云模型[178]是我国著名学者李德毅院士率先提出的一种用于定量数值和定性概念之间不确定性转换的数学模型[179]。该模型能够直观反映出客观世界中事物的随机性与模糊性[180]，同时将两者相结合形成定量与定性间的映射关系，该模型实现实际应用的关键工具是云发生器。

设论域 $U=\{x\}$ 中的联系语言值为 L，其任意元素 x 对 L 的隶属度 $R_L(x)$ 为一个具有稳定倾向性的随机数，该隶属度主要用于表征 x 的定性概念，此时在 U 上分布的隶属度叫作隶属云，即云模型，可以简称为云，如图 6.3 所示。

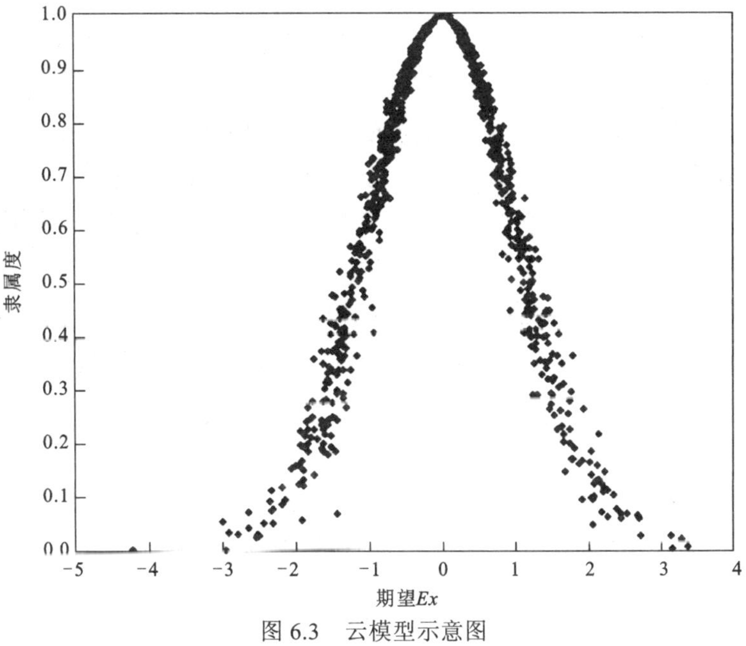

图 6.3　云模型示意图

$R_L(x)$ 的值在[0, 1]区间，云模型表示从论域 U 到区间[0, 1]的映射，如式（6.9）所示。

$$R_L(x): U \to [0,1], \forall x \in U, x \to R_L(x) \tag{6.9}$$

U 中所有元素的定性概念均可以通过云模型转换为具体的量化数值，这种新型转换方式在很大程度上弥补了传统模糊函数的不足。作为 U 中的任意元素，x 对 L 的隶属度按照某概率分布，而不是某个固定值。这种分布形成了云，而不是传统模糊函数中某条确定的隶属曲线。云由无数个云滴构成，云滴是某种定性概念的表现，个别云滴对整个云模型而言并不重要，但是由所有云滴共同产生的形状能够充分表征出该事物定性的特征。云模型实际上是从模糊理论的角度，用数学期望曲线代表事物特征的隶属度曲线，它体现出定性概念的模糊性。值得一提的是，云的“厚度”并非完全均匀的，其“厚度”越厚，表示数据越分散，“厚度”越薄，表明数据汇聚性越好。云的“深厚程度”反映隶属度的随机性，越是靠近概念中心的地方，其随机性越小，这与人类的主观感受是非常相近的。

1）云的数字特征

云模型用期望 *Ex*、熵 *En* 和超熵 *He* 三个数字特征来综合表述一个不确定性概念[181]。

（1）期望 *Ex*：云滴在论域空间上分布的数学期望值，即隶属云覆盖范围下的面积的形心所对应的论域值。通俗地说，它是最能表征定性概念的点，反映了相应模糊概念的信息中心值。

（2）熵 *En*：概念所能接受论域 *U* 数值的范畴，即定性概念模糊度的度量。熵是云模型中用于对定性概念概率和模糊度进行度量的重要特征，反映定性概念的不确定性。这种不确定性表现在三方面：①熵反映在数域中能够利用语言值接受的云滴范围大小，也就是模糊度；②云滴随机性也可以通过熵得以明确，也就是论域中云滴能够代表此语言值的概率密度；③熵可以表现模糊性及随机性的关联性。熵值越大，概念所能接受的数值范围越大，概念也就越模糊。

（3）超熵 *He*：熵的不确定性度量，即熵的熵，反映了云滴的离散程度。概念所能接受的数值范围与熵值呈正相关关系，它充分反映出了定性语言的裕度。

2）云发生器

云发生器是最基本的云算法，它可以从语言值表达的定性信息中获取定量的范围和分布规律。云发生器主要分为正向云发生器和逆向云发生器。正向云发生器可将定性概念转换为定量表示；逆向云发生器可将定量表示转换为定性概念。正向云发生器根据云的数字特征产生正向云滴。逆向云发生器则可以将一定数量的精确数据转换为以数字特征表示的定性概念。云发生器的运算示意图如图 6.4 所示。

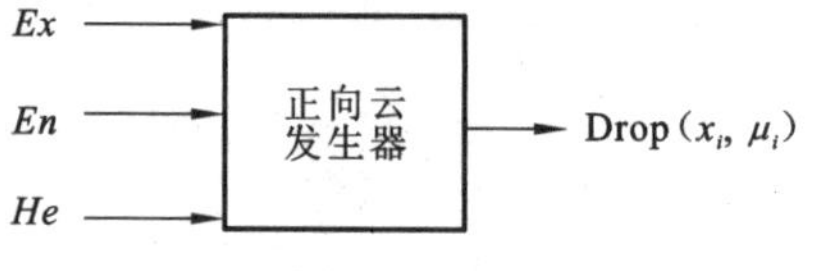

（a）正向云发生器

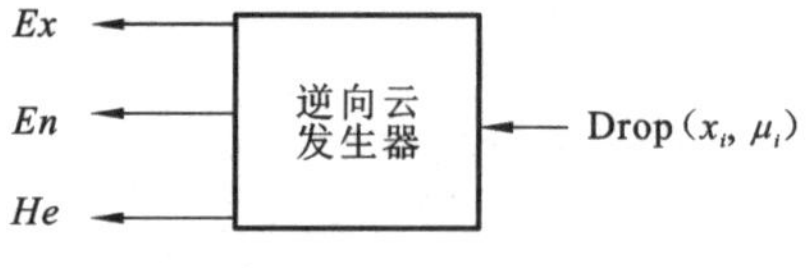

（b）逆向云发生器

图 6.4　云发生器运算示意图

Drop(x_i, μ_i)表示隶属云中的一个云滴，是定性概念与对应等级中的隶属度

（1）正向云发生器是从定性到定量的映射，由云模型的三个数字特征（Ex、En、He）产生云滴。其实现了从语言表达的定性信息中获得定量数据的范围和分布规律，具体算法如下。

输入：正向云的数字特征（Ex、En、He），所要生成的云滴数目 n。

输出：n 个云滴。

一，生成以 En 为期望值，以 He^2 为方差的一个正向随机数；

二，生成以 Ex 为期望值，以 En_i^2 为方差的一个正向随机数；

三，计算隶属度 $\mu_j(x_i)=\exp\left[-\dfrac{(x_i-Ex)^2}{2En_i^2}\right]$，得到一个云滴；

四，带有确定度 $\mu_j(x_i)$ 的 x_i 称为数域中的一个云滴；

五，重复以上步骤，直至生成 n 个云滴。

（2）逆向云发生器是实现定量数值与定性语言之间不确定性转换的模型，它将一定数量的精确数据有效地转换为以恰当定性语言值 Ex、En、He 表示的概念。有些逆向云发生器的隶属度是未知的，而有些是已知的，这也是划分其类型的依据。对于实践中的某个目标概念而言，往往得到的信息只有某个概念的一组样本数据值，而代表该概念的隶属度 μ_j 却没有给出或难以得到，所以未知隶属度的逆向云发生器更为常用。本书中的逆向云发生器皆指未知隶属度的逆向云发生器，具体算法如下。

输入：n 个云滴。

输出：这 n 个云滴所代表的定性概念的期望 Ex、熵 En 和超熵 He。

一，计算输入样本的均值 $\bar{X}=\dfrac{1}{n}\sum\limits_{i=1}^{n}x_i$、一阶样本绝对中心距 $\dfrac{1}{n}\sum\limits_{i=1}^{n}|x_i-\bar{X}|$、样本方差 $S^2=\dfrac{1}{n-1}\sum\limits_{i=1}^{n}(x_i-\bar{X})^2$；

二，计算样本的期望值 $Ex=\bar{X}$；

三，计算样本的熵值 $En=\sqrt{\dfrac{\pi}{2}}\times\dfrac{1}{n}\sum\limits_{i=1}^{n}|x_i-Ex|$；

四，计算样本的超熵值 $He=\sqrt{S^2-En^2}$。

利用云模型可以计算出各指标的期望值和方差。假设有 n 个指标和 m 个专家，计算第 k 个指标统计权重的公式如式（6.10）～式（6.13）所示。

$$Ex_k=\overline{x_k}=\frac{1}{m}\sum_{h=1}^{m}x_{hk},\quad h=1,2,\cdots,m,k=1,2,\cdots,n \tag{6.10}$$

$$He_k=\sqrt{\frac{1}{m-1}\sum_{h=1}^{m}(x_{hk}-Ex_k)^2-En_k^2},\quad h=1,2,\cdots,m,k=1,2,\cdots,n \tag{6.11}$$

$$En_k = \sqrt{\frac{\pi}{2}}\frac{1}{m}\sum_{h=1}^{m}\left|x_{hk} - Ex_k\right|, \quad h = 1,2,\cdots,m, k = 1,2,\cdots,n \tag{6.12}$$

$$\omega_k = \begin{cases} \dfrac{Ex_k}{\ln(1+En_k)+1} \cdot \dfrac{1}{\sum\limits_{k=1}^{n}\dfrac{Ex_k}{\ln(1+En_k)+1}}, & En_k \neq 0 \\ \dfrac{Ex_k}{\sum\limits_{k=1}^{n}Ex_k}, & En_k = 0 \end{cases} \tag{6.13}$$

式中：Ex_k为指标 k 专家评分的期望值，由专家评分的平均值计算得出；En_k为指标 k 的熵，为专家意见的差值；He_k为指标 k 的超熵，表示专家意见的分散程度，由 En_k 和 Ex_k样本方差计算得出；ω_k为指标 k 的权重。

在溃坝洪水灾害的研究中，要从有限的充满模糊性和随机性的数据中对其风险进行量化是非常困难的。已有很多理论方法被应用到溃坝洪水风险评价中，但是这些方法往往忽略了评价过程中的不确定性，缺少有效的定性定量转化模型。运用云模型理论方法可以解决在评价溃坝风险后果过程中的另一个主要问题，即专家对溃坝风险后果影响因子打分评价中的模糊性和随机性问题。基于云模型的推理方法能够直观体现出自然语言中概念的软推理能力，对于处理评价语言中的模糊和随机信息有较好的应用效果[182]。

3）确定评价等级

传统的集对分析法将同一度与对立度之比定义为集对势，如式（6.14）所示。

$$\mathrm{shi}(H) = \frac{a}{c} = \frac{a}{c_1 + c_2}, \quad c \neq 0 \tag{6.14}$$

其中，shi(H)是集对势，c_1和 c_2分别表示优反和劣反。

然而，式（6.14）中总是存在两个问题：①在 $c=0$ 的情况下存在一定的局限性，不能用集对势来处理；②在某些情况下，评价结果与集对势分级不一致。

为了解决上述集对势存在的问题，提出广义集对势，如式（6.15）所示。

$$\mathrm{shi}(H)_{\mathrm{G}} = \frac{\mathrm{e}^a}{\mathrm{e}^c} \tag{6.15}$$

式中：$\mathrm{shi}(H)_{\mathrm{G}}$为广义集对势；$a$ 为同一度；c 为对立度。

基于广义集对势向量，根据最大广义集对势原理确定评价等级，即最大广义集对势对应的等级为评价结果的等级，如式（6.16）所示。

$$\mathrm{shi}(H) = \max\{\mathrm{shi}(H)_{\mathrm{G}}\} \tag{6.16}$$

6.3　溃坝环境影响评价模型

6.3.1　评价指标体系

截至目前，溃坝对环境的影响还没有一个统一的定义。环境影响的实质是由溃坝引起的水库周围自然环境和生态环境条件的变化。其中，自然环境影响评价的主要因素包括水、土壤、大气、噪声、固体废物等，生态环境影响主要体现在生物多样性和人文生态环境两个方面。

由于溃坝问题的复杂性，分析所有的环境影响因素是不科学且难以实现的。根据科学性、实用性、典型性、定性与定量相结合的原则[183]，结合已有的研究成果和相关法律法规，如《中华人民共和国环境保护法》、《中华人民共和国环境影响评价法》和《环境影响评价技术导则 水利水电工程》（HJ/T 88—2003）[184]，选取 7 个指标评价溃坝对环境的影响[95]，所构建的指标体系如图 6.5 所示。

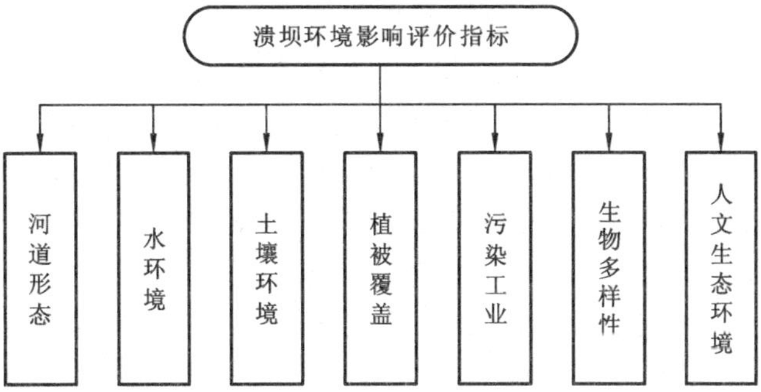

图 6.5　溃坝环境影响评价指标体系

6.3.2　指标分类分级

各评价指标的严重程度可分为轻微、一般、中等、严重和极其严重五个等级。河道形态和植被覆盖易于量化，其他 5 个指标可根据统计资料或具体分析进行评定。

结合各指标的特点[91]，确定其类别和等级，如表 6.2 所示。

表 6.2　溃坝环境影响评价指标分类及等级

指标	等级				
	轻微	一般	中等	严重	极其严重
河道形态	[0, 2)	[2, 5)	[5, 10)	[10, 20)	[20, 100)
植被覆盖	[0, 20)	[20, 40)	[40, 60)	[60, 80)	[80, 100)
其他指标	[0, 25)	[25, 45)	[45, 65)	[65, 85)	[85, 100)

6.3.3 基于广义集对分析法的评价过程

（1）根据评价对象的特点和图 6.5 建立的溃坝环境影响评价指标体系选择具体指标。

（2）根据表 6.2 确定各评价指标的值，并采用云模型分析各指标的权重。

（3）根据式（6.15），基于集对势计算各等级的广义集对势。

（4）基于最大广义集对势原理确定评价等级。

6.4 模 拟 分 析

6.4.1 工程概况

沙河集水库位于安徽省滁州市沙河镇西侧 1 km，大坝横跨滁河支流清流河上游大沙河，下距津浦铁路 1 km，是以灌溉为主，兼有防洪、水产养殖等综合效益的大型水库。水库以上流域面积 300 km^2，占清流河面积的四分之一。沙河集水库多年平均降水量为 976 mm，多年平均来水量为 0.78 亿 m^3。水库防洪标准按 1 000 年一遇洪水设计，按可能最大降水校核，大坝设计抗震烈度为 7 度。水库死水位为 31.6 m，相应库容为 0.21 亿 m^3；兴利水位为 40.5 m，相应库容为 1.03 亿 m^3；校核洪水位为 44.12 m，总库容为 2.11 亿 m^3。坝顶高程为 44.4 m，最大坝高为 27.4 m，为均质土坝，防浪墙顶高程为 45.6 m。水库有灌溉放水涵洞 3 座，溢洪道和非常溢洪道各 1 座。溢洪道进口处建闸控制，最大泄洪流量为 1 680 m^3/s，非常溢洪道最大泄洪流量为 3 085 m^3/s。

水库大坝防洪保护范围内有 30 多万人、2 万 hm^2 农田和京沪铁路等。大坝一旦溃决，不仅会造成巨大的 LOL 和 LOE，还会对环境造成严重影响。

6.4.2 指标值与权重

河道形态和植被覆盖分别由调查资料按“单位长度单位宽度冲刷或淤积量”与“土地受损率与严重性”计算得到。

由于环境影响评价是一种基于溃坝假设的风险预测，以往的抽样分析方法很难确定水环境和土壤环境的变化。另外，这两个指标的直接数据很难通过模拟得到。因此，结合我国地表水环境质量标准和土壤环境质量标准，提出了根据敏感性对水环境和土壤环境进行分类的方法。例如，大坝下游原水或土壤环境质量越高，对溃坝洪水就越敏感。在这种情况下，相应的风险水平更高。其他指标可由专家根据表 6.2 结合工程实际进行赋值。

因此，可以确定沙河集水库溃坝环境影响指标值，如表 6.3 所示。

表 6.3　沙河集水库溃坝环境影响指标值

项目	河道形态	水环境	土壤环境	植被覆盖	生物多样性	人文生态环境	污染工业
值	18	49.5	91.6	78	13.3	27.8	84.1

采用云模型确定溃坝环境影响各指标的权重，结果如式（6.17）所示。

$$\boldsymbol{\omega}=[\omega_1,\omega_2,\cdots,\omega_7]=[0.068,0.26,0.5,0.078,0.052,0.017,0.025] \qquad (6.17)$$

6.4.3　联系度计算

根据各指标的取值和权重，可计算出五个评价等级对应的联系度，如表 6.4 所示。

表 6.4　五个评价等级对应的联系度

指标	等级				
	轻微	一般	中等	严重	极其严重
河道形态	$0.111\ 1+0i^{+}+0.166\ 7i^{-}+0j^{+}+0.722\ 2j^{-}$	$0.187\ 5+0i^{+}+0.312\ 5i^{-}+0j^{+}+0.5j^{-}$	$0.384\ 6+0i^{+}+0.615\ 4i^{-}+0j^{+}+0j^{-}$	$1+0i^{+}+0i^{-}+0j^{+}+0j^{-}$	$0.975\ 6+0.024\ 4i^{+}+0i^{-}+0j^{+}+0j^{-}$
水环境	$0.505\ 1+0i^{+}+0.404i^{-}+0j^{+}+0.090\ 9j^{-}$	$0.816\ 3+0i^{+}+0.183\ 7i^{-}+0j^{+}+0j^{-}$	$1+0i^{+}+0i^{-}+0j^{+}+0j^{-}$	$0.563\ 4+0.436\ 6i^{+}+0i^{-}+0j^{+}+0j^{-}$	$0.297+0.396i^{+}+0i^{-}+0.306\ 9j^{+}+0j^{-}$
土壤环境	$0.272\ 9+0i^{+}+0.218\ 3i^{-}+0j^{+}+0.508\ 7j^{-}$	$0.300\ 3+0i^{+}+0.300\ 3i^{-}+0j^{+}+0.399\ 4j^{-}$	$0.429\ 2+0i^{+}+0.429\ 2i^{-}+0j^{+}+0.141\ 6j^{-}$	$0.751\ 9+0i^{+}+0.248\ 1i^{-}+0j^{+}+0j^{-}$	$1+0i^{+}+0i^{-}+0j^{+}+0j^{-}$
植被覆盖	$0.256\ 4+0i^{+}+0.256\ 4i^{-}+0j^{+}+0.487\ 2j^{-}$	$0.344\ 8+0i^{+}+0.344\ 8i^{-}+0j^{+}+0.310\ 3j^{-}$	$0.526\ 3+0i^{+}+0.473\ 7i^{-}+0j^{+}+0j^{-}$	$1+0i^{+}+0i^{-}+0j^{+}+0j^{-}$	$0.909\ 1+0.090\ 9i^{+}+0i^{-}+0j^{+}+0j^{-}$
生物多样性	$1+0i^{+}+0i^{-}+0j^{+}+0j^{-}$	$0.630\ 9+0.369\ 1i^{+}+0i^{-}+0j^{+}+0j^{-}$	$0.386\ 8+0.386\ 8i^{+}+0i^{-}+0.226\ 3j^{+}+0j^{-}$	$0.278\ 9+0.278\ 9i^{+}+0i^{-}+0.442\ 1j^{+}+0j^{-}$	$0.173+0.230\ 7i^{+}+0i^{-}+0.596\ 3j^{+}+0j$
人文生态环境	$0.899\ 3+0i^{+}+0.100\ 7i^{-}+0j^{+}+0j^{-}$	$1+0i^{+}+0i^{-}+0j^{+}+0j^{-}$	$0.537\ 6+0.462\ 4i^{+}+0i^{-}+0j^{+}+0j^{-}$	$0.349\ 7+0.349\ 7i^{+}+0i^{-}+0.300\ 7j^{+}+0j^{-}$	$0.207\ 8+0.277i^{+}+0i^{-}+0.515\ 2j^{+}+0j^{-}$
污染工业	$0.297\ 3+0i^{+}+0.237\ 8i^{-}+0j^{+}+0.464\ 9j^{-}$	$0.338\ 4+0i^{+}+0.338\ 4i^{-}+0j^{+}+0.323\ 2j^{-}$	$0.511\ 5+0i^{+}+0.488\ 5i^{-}+0j^{+}+0j^{-}$	$1+0i^{+}+0i^{-}+0j^{+}+0j^{-}$	$0.943\ 4+0.056\ 6i^{+}+0i^{-}+0j^{+}+0j^{-}$

根据式（6.8）进行运算求得综合联系度向量，如式（6.18）所示。

$$H=\omega\cdot\mu=\begin{bmatrix}0.3701+0i^{+}+0.2532i^{-}+0j^{+}+0.3767j^{-}\\0.4603+0.0192i^{+}+0.2545i^{-}+0j^{+}+0.266j^{-}\\0.5838+0.028i^{+}+0.3056i^{-}+0.0118j^{+}+0.0708j^{-}\\0.7139+0.134i^{+}+0.1241i^{-}+0.0281j^{+}+0j^{-}\\0.7506+0.1298i^{+}+0i^{-}+0.1196j^{+}+0j^{-}\end{bmatrix}^{\mathrm{T}} \tag{6.18}$$

6.4.4 评价结果

利用式（6.15）计算了沙河集水库溃坝五个环境影响评价等级对应的广义集对势向量，即[0.993, 1.215, 1.651, 1.985, 1.860]。

将该结果与模糊数学理论评价结果进行比较，如表 6.5 所示。

表 6.5　评价结果对比

分析方法	评价值					
	轻微	一般	中等	严重	极其严重	评价等级
模糊数学理论	0.036	0.121	0.155	0.337	0.351	极其严重
广义集对分析法	0.993	1.215	1.651	1.985	1.860	严重

（1）在模糊数学理论评价中，各等级的评价值从大到小的顺序为极其严重、严重、中等、一般、轻微，而在广义集对分析法中，则为严重、极其严重、中等、一般、轻微。两个方法的评价结果基本一致，表明本章提出的广义集对分析法可以有效地应用于溃坝环境影响评价。

（2）五个等级的最高广义集对势反映了溃坝对环境影响的严重性。综合考虑各指标的权重，广义集对分析法的评价等级为“严重”，模糊数学理论的评价结果为“极其严重”。但是，只有一个基本指标是“极其严重”的，有三个指标是“严重”的。因此，将沙河集水库溃坝环境影响综合评价等级定为“严重”更为合理。

（3）根据评价结果和各指标的严重程度，在沙河集水库日常管理中，应采取相应的风险管理措施，减少潜在溃坝对环境的影响，且管理的重点应该聚焦在“严重”或“极其严重”的指标。

（4）溃坝环境影响分析尚处于起步阶段。由于各指标之间的相互关系，各种评价方法的评价结果具有一定的随机性。在今后的研究中，有必要对所有指标进行更为详细的分析，阐明它们的相对重要性。同时，可以采用多种评价方法相互验证，提高评价结果的准确性。

6.5 本章小结

由于溃坝环境影响分类不明确，传统的溃坝环境影响评价方法难以有效处理各指标之间存在的相关性。本章对传统的集对分析法进行了改进，将联系度扩展到五个等级，更具体地描述了各指标之间的不同程度和对立程度。引入了克服应用局限性和结果失真的广义集对势的定义来确定评价等级。结合评价指标，建立了基于改进集对分析法的溃坝环境影响评价模型。以沙河集水库为例，将本书结果与其他方法的结果进行了对比分析，结果表明本书所提出的方法可以有效应用在该水库溃坝环境影响评价中。因此，本书为溃坝环境影响评价提供了一种新的方法。

参考文献

[1] LATRUBESSE E M, ARIMA E Y, DUNNE T, et al. Damming the rivers of the Amazon basin[J]. Nature, 2017, 546(7658): 363-369.

[2] 葛巍, 李宗坤. 水库大坝风险管理理论与应用[M]. 郑州: 黄河水利出版社, 2023.

[3] 李宗坤, 葛巍, 王娟, 等. 中国水库大坝风险标准与应用研究[J]. 水利学报, 2015, 46(15): 567-573, 583.

[4] 葛巍, 焦余铁, 李宗坤, 等. 溃坝风险后果研究现状与发展趋势[J]. 水科学进展, 2020, 31(1): 143-151.

[5] 中华人民共和国水利部. 2023 年全国水利发展统计公报[M]. 北京: 中国水利水电出版社, 2024.

[6] 吴中如. 中国大坝的安全和管理[J]. 中国工程科学, 2000, 2(6): 36-39.

[7] 中共河北省委党史研究室, 河北省档案馆, 河北日报社. 河北党史百年百事(53): 1963 年河北抗洪[N]. 河北日报, 2021-05-31(2).

[8] 盛金保, 李宏恩, 盛韬桢. 我国水库溃坝及其生命损失统计分析[J]. 水利水运工程学报, 2023(1): 1-15.

[9] MCCANN M W, JR. Dam failures in the U.S.[R]. Stanford: National Performance of Dams Program, 2018.

[10] 徐泽平. 老挝桑片-桑南内水电站溃坝事件初步分析与思考[J]. 水利水电快报, 2018, 39(8): 6-10.

[11] 李雷, 蔡跃波, 盛金保. 中国大坝安全与风险管理的现状及其战略思考[J]. 岩土工程学报, 2008, 30(11): 1581-1587.

[12] KALININA A, SPADA M, BURGHERR P. Application of a Bayesian hierarchical modeling for risk assessment of accidents at hydropower dams[J]. Safety science, 2018, 110: 164-177.

[13] VISEU T, DE ALMEIDA A B, BETÂMIO DE ALMEIDA. Dam-break risk management and hazard mitigation[M]//Dam-break problems, solutions and case studies. Boston: WIT Press, 2009: 211-239.

[14] 李雷, 周克发. 大坝溃决导致的生命损失估算方法研究现状[J]. 水利水电科技进展, 2006, 26(2): 76-80.

[15] GE W, SUN H Q, ZHANG H X, et al. Economic risk criteria for dams considering the relative level of economy and industrial economic contribution[J]. Science of the total environment, 2020, 725: 138139.

[16] GE W, QIN Y P, LI Z K, et al. An innovative methodology for establishing societal life risk criteria for dams: A case study to reservoir dam failure events in China[J]. International journal of disaster risk reduction, 2020,49: 101663.

[17] GE W, LI Z K, LIANG R Y, et al. Methodology for establishing risk criteria for dams in developing countries, case study of China[J]. Water resources management, 2017, 31(13): 4063-4074.

[18] WANG T, LI Z K, GE W, et al. Rank classification method for cascade reservoirs considering scale, benefits, and risk consequences[J]. Journal of hydrology, 2023, 623: 129856.

[19] ZHANG H X, GE W, ZHANG Y D, et al. Risk management decision of reservoir dams based on the improved life quality index[J]. Water resources management, 2023, 37(3): 1223-1239.

[20] 中华人民共和国水利部. 水库大坝安全评价导则: SL 258—2017[S]. 北京: 中国水利水电出版社, 2017.

[21] 中华人民共和国水利部. 水库大坝安全鉴定办法[Z]. 2003.

[22] 姜树海, 范子武. 大坝的允许风险及其运用研究[J]. 水利水运工程学报, 2003(3): 7-12.

[23] 李宗坤, 葛巍, 王娟, 等. 土石坝建设期漫坝风险分析[J]. 水力发电学报, 2015, 34(3): 145-149.

[24] 杜群超. 基于 GIS 的水库土石坝工程洪水溃坝损失研究[D]. 南宁: 广西大学, 2012.

[25] 李宗坤, 王特, 葛巍, 等. 考虑溃坝后果的水库工程等级划分方法[J]. 水科学进展, 2023, 34(5): 753-765.

[26] HENSELWOOD F, PHILLIPS K G. The development of risk criteria for high severity low frequency events[J]. Process safety progress, 2009, 28(1): 11-14.

[27] 李宗坤, 葛巍, 王娟, 等. 中国大坝安全管理与风险管理的战略思考[J]. 水科学进展, 2015, 26(4): 589-595.

[28] WANG T, LI Z K, GE W, et al. Risk consequence assessment of dam breach in cascade reservoirs considering risk transmission and superposition[J]. Energy, 2023, 265: 126315.

[29] ESCUDER-BUENO I, MAZZÀ G, MORALES-TORRES A, et al. Computational aspects of dam risk analysis: Findings and challenges[J]. Engineering, 2016, 2(3): 319-324.

[30] BROWN C A, GRAHAM W J. Assessing the threat to life from dam failure[J]. Journal of the American water resources association, 1988, 24(6): 1303-1309.

[31] ASSAF H, HARTFORD D N D, CATTANACH J D. Estimating dam breach flood survival probabilities[J]. ANCOLD bulletin, 1997, 107: 23-42.

[32] DEKAY M L, MCCLELLAND G H. Predicting loss of life in cases of dam failure and flash flood[J]. Risk analysis, 1993, 13(2): 193-205.

[33] 盛金保, 厉丹丹, 蔡荨, 等. 大坝风险评估与管理关键技术研究进展[J]. 中国科学: 技术科学, 2018, 48(10): 1057-1067.

[34] GRAHAM W J. A procedure for estimating loss of life caused by dam failure[R]. Denver: U.S. Department of the Interior Bureau of Reclamation Dam Safety Office, 1999.

[35] MCCLELLAND D M, BOWLES D S. Towards improved life loss estimation methods: Lessons from

case histories[R]. Seinajoki: RESC-DAM Seminar, 2000.

[36] REITER P. Loss of life caused by dam failure: The RESCDAM LOL method and its application to Kyrkosjarvi Dam in Seinajoki[R]. Helsinki: PR Water Consutting Ltd., 2001.

[37] ABOELATA M, BOWLES D S, MCCLELLAND D M. A model for estimating dam failure life loss[C]//Proceedings of the Australian Committee on Large Dams Risk Workshop. Launceston: Australian National Committee on Large Dams, 2003: 126-145.

[38] LEE J S. Uncertainties in the predicted number of life loss due to the dam breach floods[J]. KSCE journal of civil engineering, 2003, 7(1): 81-91.

[39] LEE J S, NOH J W. The impacts of uncertainty in the predicted dam breach floods on economic damage estimation[J]. KSCE journal of civil engineering, 2003, 7(3): 343-350.

[40] BOWLES D S, ABOELATA M. Evacuation and life-loss estimation model for natural and dam break floods[M]//Extreme hydrological events: New concepts for security. Dordrecht: Springer Netherlands, 2007: 363-383.

[41] JONKMAN S N, VAN GELDER P H A J M, VRIJLING J K. An overview of quantitative risk measures for loss of life and economic damage[J]. Journal of hazardous materials, 2003, 99(1): 1-30.

[42] JONKMAN S N, VRIJLING J K, VROUWENVELDER A C W M. Methods for the estimation of loss of life due to floods: A literature review and a proposal for a new method[J]. Natural hazards, 2008, 46(3): 353-389.

[43] JONKMAN S N, LENTZ A, VRIJLING J K. A general approach for the estimation of loss of life due to natural and technological disasters[J]. Reliability engineering & system safety, 2010, 95(11): 1123-1133.

[44] ZHANG S R, TAN Y S. Risk assessment of earth dam overtopping and its application research[J]. Natural hazards, 2014, 74(2): 717-736.

[45] JUDI D R, PASQUALINI D, ARNOLD J D. Computational challenges in consequence estimation for risk assessment-numerical modelling, uncertainty quantification, and communication of results[R]. Los Alamos: Los Alamos National Laboratory, 2014.

[46] JUDI D R, BURIAN S J, MCPHERSON T N. Impacts of elevation data spatial resolution on two-dimensional dam break flood simulation and consequence assessment[J]. Journal of water resources planning and management, 2014, 140(2): 194-200.

[47] KOLEN B, KOK M, HELSLOOT I, et al. EvacuAid: A probabilistic model to determine the expected loss of life for different mass evacuation strategies during flood threats[J]. Risk analysis, 2013, 33(7): 1312-1333.

[48] CLEARY P W, PRAKASH M, MEAD S, et al. A scenario-based risk framework for determining

consequences of different failure modes of earth dams[J]. Natural hazards, 2015, 75(2): 1489-1530.
[49] DAY C A. Modeling potential impacts of a breach for a high hazard dam, Elizabethtown, Kentucky, USA[J]. Applied geography, 2016, 71: 1-8.
[50] KOMOLAFE A A, HERATH S, AVTAR R, et al. Comparative analyses of flood damage models in three Asian countries: Towards a regional flood risk modelling[J]. Environment systems and decisions, 2019, 39: 229-246.
[51] MAGILLIGAN F J, JAMES L A, LECCE S A, et al. Geomorphic responses to extreme rainfall, catastrophic flooding, and dam failures across an urban to rural landscape[J]. Annals of the American association of geographers, 2019, 109(3): 705-729.
[52] GLOTOV V E, CHLACHULA J, GLOTOVA L P, et al. Causes and environmental impact of the gold-tailings dam failure at Karamken, the Russian Far East[J]. Engineering geology, 2018, 245: 236-247.
[53] ANCOLD. Guidelines on the consequence categories for dams[Z]. Hobart: ANCOLD, 2012.
[54] United States Bureau of Reclamation. Guidelines for estimating life loss for dam safety risk analysis[Z]. Denver: United States, Bureau of Reclamation, 2014.
[55] Canadian Dam Association. Dam safety guidelines[Z]. Toronto: Canadian Dam association, 2009.
[56] Ministry of Forests, Lands and Natural Resource Operations of British Columbia. Downstream consequence of failure classification interpretation guideline[Z]. Victoria: Ministry of Forests. Lands, and Natural Resource Operations of British Columbia, 2017.
[57] 周克发，李雷，盛金保. 我国溃坝生命损失评价模型初步研究[J]. 安全与环境学报，2007，7(3): 145-149.
[58] 范子武，姜树海. 允许风险分析方法在防洪安全决策中的应用[J]. 水利学报，2005，36(5): 618-623.
[59] 周克发. 溃坝生命损失分析方法研究[D]. 南京：南京水利科学研究院, 2006.
[60] 宋敬衖，何鲜峰. 我国溃坝生命风险分析方法探讨[J]. 河海大学学报(自然科学版)，2008，36(5): 628-633.
[61] 郝玉芹，宋艳萍，孙皆宜. 我国三种主要事故损失计算方法比较分析[J]. 华北科技学院学报，2009, 6(3): 80-82.
[62] SUN Y F, ZHONG D H, LI M C, et al. Theory and application of loss of life risk analysis for dam break[J]. Transactions of Tianjin University, 2010, 16(5): 383-387.
[63] PENG M, ZHANG L M. Analysis of human risks due to dam-break floods-part 1: A new model based on Bayesian networks[J]. Natural hazards, 2012, 64(1): 903-933.
[64] PENG M, ZHANG L M. Analysis of human risks due to dam-break floods-part 2: Application to

Tangjiashan landslide dam failure[J]. Natural hazards, 2012, 64(2): 1899-1923.

[65] 王君. 溃坝生命损失预控模型研究[D]. 大连: 大连理工大学, 2013.

[66] 李雷, 王仁钟, 盛金保, 等. 大坝风险评价与风险管理[M]. 北京: 中国水利水电出版社, 2006.

[67] 李雷, 王仁钟, 盛金保. 溃坝后果严重程度评价模型研究[J]. 安全与环境学报, 2006, 6(1): 1-4.

[68] 孙玮玮, 李雷. 基于主成分分析法的大坝风险后果综合评价模型[J]. 长江科学院院报, 2010, 27(12): 22-26.

[69] 王晓航, 盛金保, 张行南, 等. 基于 GIS 技术的溃坝生命损失预警综合评价模型研究[J]. 水力发电学报, 2011, 30(4): 72-78.

[70] SUN R R, WANG X L, ZHOU Z Y, et al. Study of the comprehensive risk analysis of dam-break flooding based on the numerical simulation of flood routing. Part I: Model development[J]. Natural hazards, 2014, 73(3): 1547-1568.

[71] ZHOU Z Y, WANG X L, SUN R R, et al. Study of the comprehensive risk analysis of dam-break flooding based on the numerical simulation of flood routing. Part II: Model application and results[J]. Natural hazards, 2014, 72(2): 675-700.

[72] LIU X S, HU X, WANG T L. Rapid assessment of flood loss based on neural network ensemble[J]. Transactions of nonferrous metals society of China, 2014, 24(8): 2636-2641.

[73] 王丽学, 赵宁, 高峰, 等. 小型震损水库溃坝后果分析研究[J]. 水利水电技术, 2014, 45(8): 66-69.

[74] 邹强, 周建中, 杨小玲, 等. 属性区间识别模型在溃坝后果综合评价中的应用[J]. 四川大学学报(工程科学版), 2011, 43(2): 45-50.

[75] 李宗坤, 李奇, 葛巍, 等. 基于集对分析的大坝风险后果综合评价[J]. 人民黄河, 2016, 38(9): 111-114.

[76] LI Z K, LI W, GE W. Weight analysis of influencing factors of dam break risk consequences[J]. Natural hazards and earth system sciences, 2018, 18(12): 3355-3362.

[77] LI W, LI Z K, GE W, et al. Risk evaluation model of life loss caused by dam-break flood and its application[J]. Water, 2019, 11(7): 1359.

[78] 李巍, 李宗坤, 葛巍, 等. 基于改进可变模糊集法的溃坝生命损失评价及其应用[J]. 天津大学学报(自然科学与工程技术版), 2020, 53(4): 419-425.

[79] 刘来红, 彭雪辉, 李雷, 等. 溃坝风险的地域性、时变性与社会性分析[J]. 灾害学, 2014, 29(3): 48-51.

[80] 王志军, 顾冲时, 张治军. GIS 支持下基于遗传优化神经网络的溃坝生命损失评估[J]. 武汉大学学报(信息科学版), 2010, 35(1): 64-68.

[81] 王志军, 宋文婷, 周敏. 基于 GIS 空间信息格网的溃坝损失评估模型[J]. 自然灾害学报, 2011, 20(4): 102-106.

[82] 王志军, 张治军, 李子阳. GIS 支持下的溃坝损失评估方法研究[J]. 水力发电, 2008, 34(8): 75-77, 87.

[83] 仇蕾, 王慧敏, 马树建. 极端洪水灾害损失评估方法及应用[J]. 水科学进展, 2009, 20(6): 869-875.

[84] 江迎. 基于云模型和 GIS/RS 的坝堤溃决风险分析及灾害损失评估研究[D]. 武汉: 华中科技大学, 2012.

[85] 杨胜梅, 黄艳芳, 李申亭, 等. 基于空间信息技术的溃坝洪灾损失定量评估研究[J]. 长江科学院院报, 2013, 30(11): 105-108.

[86] 顾冲时, 苏怀智. 混凝土坝工程长效服役与风险评定研究述评[J]. 水利水电科技进展, 2015, 35(5): 1-12.

[87] 刘欣欣, 顾圣平, 赵一梦, 等. 修正损失率的溃坝洪水经济损失评估方法研究[J]. 水利经济, 2016, 34(3): 36-40.

[88] 石振明, 熊永峰, 彭铭, 等. 堰塞湖溃坝快速定量风险评估方法: 以 2014 年鲁甸地震形成的红石岩堰塞湖为例[J]. 水利学报, 2016, 47(6): 742-751.

[89] HUANG D J, YU Z B, LI Y P, et al. Calculation method and application of loss of life caused by dam break in China[J]. Natural hazards, 2017, 85(1): 39-57.

[90] 王仁钟, 李雷, 盛金保. 水库大坝的社会与环境风险标准研究[J]. 安全与环境学报, 2006, 6(1): 8-11.

[91] 何晓燕, 孙丹丹, 黄金池. 大坝溃决社会及环境影响评价[J]. 岩土工程学报, 2008, 30(11): 1752-1757.

[92] 冯迪江, 王志军, 石元辉. 基于模糊灰色理论的溃坝社会影响评价[J]. 黑龙江水专学报, 2009, 36(2): 1-4.

[93] 张莹. 基于能值足迹法的溃坝环境、生态损失评价[D]. 南京: 南京水利科学研究院, 2010.

[94] 李宗坤, 李巍, 葛巍, 等. 基于集对分析-可变模糊集耦合方法的溃坝环境影响评价[J]. 天津大学学报(自然科学与工程技术版), 2019, 52(3): 269-276.

[95] WU M M, GE W, LI Z K, et al. Improved set pair analysis and its application to environmental impact evaluation of dam break[J]. Water, 2019, 11(4): 821.

[96] LI Z K, ZHANG Y D, WANG J Y, et al. Impact evaluation of geomorphic changes caused by extreme floods on inundation area considering geomorphic variations and land use types[J]. Science of the total environment, 2021, 754: 142424.

[97] ZHANG Y D, LI Z K, GE W, et al. Assessment of the impact of floods on terrestrial plant biodiversity[J]. Journal of cleaner production, 2022, 339: 130722.

[98] 孙玮玮，李雷. 基于模糊数学理论的大坝风险后果综合评价[J]. 水利水运工程学报，2010(4): 16-20.

[99] 周克发，李雷. 基于社会经济发展的溃坝洪水损失动态预测评价模型[J]. 长江流域资源与环境，2008, 17(S1): 145-148.

[100] 黄凌. 基于三维洪水演进数值模拟的溃坝损失评价与对策研究[D]. 天津：天津大学, 2010.

[101] 何晓燕，梁志勇. 水库溃坝后果及风险标准研究综述[J]. 中国防汛抗旱, 2008,18(6): 51-55.

[102] 李宗坤，莫向明，葛巍，等. 基于变权集对-可拓耦合模型的溃坝后果综合评价[J]. 工程科学与技术, 2022, 54(5): 64-71.

[103] 桑博德. 突变理论入门[M]. 凌复华，译. 上海：上海科学技术文献出版社, 1983.

[104] POSTON T, STEWART I. Catastrophe theory and its applications[M]. London: Pitman Publishing Limited, 1978.

[105] 葛巍. 土石坝施工与运行风险综合评价[D]. 郑州：郑州大学, 2016.

[106] ARNOLD V I. 突变理论[M]. 周燕华，译. 北京：高等教育出版社, 1990.

[107] RAFTOYIANNIS I G, CONSTANTAKOPOULOS T G, MICHALTSOS G T, et al. Dynamic buckling of a simple geometrically imperfect frame using catastrophe theory[J]. International journal of mechanical sciences, 2006, 48(10): 1021-1030.

[108] DOU W Y, GHOSE S. A dynamic nonlinear model of online retail competition using cusp catastrophe theory[J]. Journal of business research, 2006, 59(7): 838-848.

[109] SADEGHFAM S, HASSANZADEH Y, NADIRI A A, et al. Localization of groundwater vulnerability assessment using catastrophe theory[J]. Water resources management, 2016, 30(13): 4585-4601.

[110] MOGAJI K A, LIM H S. Development of a GIS-based catastrophe theory model (modified DRASTIC model) for groundwater vulnerability assessment[J]. Earth science informatics, 2017, 10: 339-356.

[111] AL-ABADI A M, SHAHID S, AL-ALI A K. A GIS-based integration of catastrophe theory and analytical hierarchy process for mapping flood susceptibility: A case study of Teeb area, Southern Iraq[J]. Environmental earth sciences, 2016, 75(8): 687.

[112] WANG Y P, WEIDMANN U A, WANG H S. Using catastrophe theory to describe railway system safety and discuss system risk concept[J]. Safety science, 2017, 91: 269-285.

[113] LIANG X, WU J H, ZHONG H B. Quantitative analysis of non-equilibrium phase transition process by the catastrophe theory[J]. Physics of fluids, 2017, 29(8): 085108.

[114] 李绍飞，孙书洪，王向余. 突变理论在海河流域地下水环境风险评价中的应用[J]. 水利学报，2007, 38(11): 1312-1317.

[115] 潘岳, 王志强, 张勇. 突变理论在岩体系统动力失稳中的应用[M]. 北京: 科学出版社, 2008.

[116] GE W, JIAO Y T, SUN H Q, et al. A method for fast evaluation of potential consequences of dam breach[J]. Water, 2019, 11(11): 2224.

[117] 中华人民共和国水利部. 水利水电工程等级划分及洪水标准: SL 252—2017[S]. 北京: 中国水利水电出版社, 2017.

[118] 中华人民共和国住房和城乡建设部, 中华人民共和国国家质量监督检验检疫总局. 防洪标准: GB 50201—2014[S]. 北京: 中国计划出版社, 2014.

[119] MAIJALA T, HUOKUNA M, HONKAKUNNAS T. RESCDAM: Development of rescue actions based on dam-break flood analysis[R]. Helsinki: Finnish Environment Instiute, 2000.

[120] 葛巍, 焦余铁, 洪辛茜, 等. 基于 AHP-BN 法的溃坝生命损失风险评价[J]. 郑州大学学报(工学版), 2021, 42(3): 8-12.

[121] 葛巍, 李宗坤, 王文姣, 等. 基于 WBS-RBS 和 AHP 的土石坝施工期风险评估[J]. 人民黄河, 2013, 35(6): 121-123.

[122] LI Z K, WANG T, GE W, et al. Risk analysis of earth-rock dam breach based on dynamic Bayesian network[J]. Water, 2019,11(11): 2305.

[123] PATT A G, SCHRAG D P. Using specific language to describe risk and probability[J]. Climatic change, 2003, 61: 17-30.

[124] BAECHER G B. Uncertainty in dam safety risk analysis[J]. Georisk: Assessment and management of risk for engineered systems and geohazards, 2016, 10(2): 92-108.

[125] FU X, GU C S, SU H Z, et al. Risk analysis of earth-rock dam failures based on fuzzy event tree method[J]. International journal of environmental research and public health, 2018, 15(5): 886.

[126] 全健. 各级围岩下隧道回填层合理刚度的区间分析[D]. 重庆: 重庆交通大学, 2013.

[127] 苏静波. 工程结构不确定性区间分析方法及其应用研究[D]. 南京: 河海大学, 2006.

[128] MOORE R E. Interval analysis[M]. Englewood Cliffs: Prentice-Hall, 1966.

[129] ALEFELD G, MAYER G. Interval analysis: Theory and applications[J]. Journal of computational and applied mathematics, 2000, 121(1/2): 421-464.

[130] MOORE R E. Methods and applications of interval analysis[M]. Philadelphia: Society for Industrial and Applied Mathematics, 1979.

[131] SU H Z, WEN Z P. Interval risk analysis for gravity dam instability[J]. Engineering failure analysis, 2013, 33: 83-96.

[132] TSAUR R C. Decision risk analysis for an interval TOPSIS method[J]. Applied mathematics and computation, 2011, 218(8): 4295-4304.

[133] SANTORO R, MUSCOLINO G, ELISHAKOFF I. Optimization and anti-optimization solution of

combined parameterized and improved interval analyses for structures with uncertainties[J]. Computers & structures, 2015, 149: 31-42.

[134] XUE J, VAN GELDER P H A J M, RENIERS G, et al. Multi-attribute decision-making method for prioritizing maritime traffic safety influencing factors of autonomous ships' maneuvering decisions using grey and fuzzy theories[J]. Safety science, 2019, 120: 323-340.

[135] 王富雷. 区间分析在非线性机构位置求解中的应用研究[D]. 合肥: 合肥工业大学, 2010.

[136] DEGRAUWE D, LOMBAERT G, DE ROECK G. Improving interval analysis in finite element calculations by means of affine arithmetic[J]. Computers & structures, 2010, 88(3/4): 247-254.

[137] LI Y, XU Y L. Increasing accuracy in the interval analysis by the improved format of interval extension based on the first order Taylor series[J]. Mechanical systems and signal processing, 2018, 104: 744-757.

[138] QI H H, ALTINAKAR M S. GIS-based decision support system for dam break flood management under uncertainty with two-dimensional numerical simulations[J]. Journal of water resources planning and management, 2012, 138(4): 334-341.

[139] GE W, LI Z K, LI W, et al. Risk evaluation of dam-break environmental impacts based on the set pair analysis and cloud model[J]. Natural hazards, 2020, 104(2): 1641-1653.

[140] KANG H S, KIM Y T. The physical vulnerability of different types of building structure to debris flow events[J]. Natural hazards, 2016, 80(3): 1475-1493.

[141] GE W, WANG X W, LI Z K, et al. Interval analysis of the loss of life caused by dam failure[J]. Journal of water resources planning and management, 2021, 147(1): 04020098.

[142] PENNING-ROWSELL E, FLOYD P, RAMSBOTTOM D, et al. Estimating injury and loss of life in floods: A deterministic framework[J]. Natural hazards, 2005, 36(1): 43-64.

[143] WU M M, WU Z N, GE W, et al. Identification of sensitivity indicators of urban rainstorm flood disasters: A case study in China[J]. Journal of hydrology, 2021, 599: 126393.

[144] URBANIK T. Evacuation time estimates for nuclear power plants[J]. Journal of hazardous materials, 2000, 75(2/3): 165-180.

[145] CHENG C Y, QIAN X, ZHANG Y C, et al. Estimation of the evacuation clearance time based on dam-break simulation of the Huaxi dam in southwestern China[J]. Natural hazards, 2011, 57(2): 227-243.

[146] KARVONEN R A, HEPOJOKI A, HUHTA H K, et al. The use of physical models in dam-break flood analysis: Development of rescue actions based on dam-break flood analysis[R]. Helsinki: Helsinki University of Technology, 2000.

[147] GE W, JIAO Y T, WU M M, et al. Estimating loss of life caused by dam breaches based on the

simulation of floods routing and evacuation potential of population at risk[J]. Journal of hydrology, 2022, 612: 128059.

[148] JIAO Y T, LI Z K, GE W, et al. A study on siting of emergency shelters for dam failure floods considering population distribution and weather effects[J]. Science of the total environment, 2024, 914: 169901.

[149] XUE J, WU C Z, CHEN Z J, et al. Modeling human-like decision-making for inbound smart ships based on fuzzy decision trees[J]. Expert systems with applications, 2019, 115: 172-188.

[150] CARRIVICK J L, JONES R, KEEVIL G. Experimental insights on geomorphological processes within dam break outburst floods[J]. Journal of hydrology, 2011, 408 (1/2): 153-163.

[151] ABDEDOU A, SOULAÏMANI A, TCHAMEN G W. Uncertainty propagation of dam break flow using the stochastic non-intrusive B-splines Bézier elements-based method[J]. Journal of hydrology, 2020, 590: 125342.

[152] ZHAO G, BATES P, NEAL J. The impact of dams on design floods in the conterminous US[J]. Water resources research, 2020, 56(3): e2019WR025380.

[153] PETER S J, SIVIGLIA A, NAGEL J, et al. Development of probabilistic dam breach model using Bayesian inference[J]. Water resources research, 2018, 54(7): 4376-4400.

[154] WALDER J S, IVERSON R M, GODT J W, et al. Controls on the breach geometry and flood hydrograph during overtopping of noncohesive earthen dams[J]. Water resources research, 2015, 51(8): 6701-6724.

[155] LEE K H. Simulation of dam-breach outflow hydrographs using water level variations[J]. Water resources management, 2019, 33 (11): 3781-3797.

[156] WANG B, CHEN Y L, WU C, et al. Empirical and semi-analytical models for predicting peak outflows caused by embankment dam failures[J]. Journal of hydrology, 2018, 562: 692-702.

[157] DAZZI S, VACONDIO R, MIGNOSA P. Integration of a levee breach erosion model in a GPU-accelerated 2D shallow water equations code[J]. Water resources research, 2019, 55(1): 682-702.

[158] CHEN C, ZHANG L M, XIAO T, et al. Barrier lake bursting and flood routing in the Yarlung Tsangpo Grand Canyon in October 2018[J]. Journal of hydrology, 2020, 583: 124603.

[159] 赵克勤. 集对分析及其初步应用[M]. 杭州: 浙江科学技术出版社, 2000.

[160] 李宗坤, 李奇, 沈凯, 等. 改进集对分析法在土石坝安全评价中的应用[J]. 人民黄河, 2016, 38(8): 110-114.

[161] 李宗坤, 李娟娟, 葛巍, 等. 基于广义集对分析法的溃坝环境影响评价[J]. 人民黄河, 2019, 41(5): 101-105.

[162] 李奇. 基于集对分析的大坝风险后果评价模型研究[D]. 郑州: 郑州大学, 2017.

[163] 李娟娟. 中小型水库溃坝社会与环境影响评价[D]. 郑州: 郑州大学, 2018.

[164] SU M R, YANG Z F, CHEN B, et al. Urban ecosystem health assessment based on emergy and set pair analysis: A comparative study of typical Chinese cities[J]. Ecological modelling, 2009, 220(18): 2341-2348.

[165] HU J H, YANG L. Dynamic stochastic multi-criteria decision making method based on cumulative prospect theory and set pair analysis[J]. Systems engineering procedia, 2011, 1: 432-439.

[166] LI P Y, QIAN H, WU J H. Application of set pair analysis method based on entropy weight in groundwater quality assessment: A case study in Dongsheng City, northwest China[J]. Journal of chemistry, 2011, 8(2): 851-858.

[167] WANG Y C, JING H W, YU L Y, et al. Set pair analysis for risk assessment of water inrush in karst tunnels[J]. Bulletin of engineering geology and the environment, 2017, 76(3): 1199-1207.

[168] CAO Y X, ZHOU H, WANG J Q. An approach to interval-valued intuitionistic stochastic multi-criteria decision-making using set pair analysis[J]. International journal of machine learning and cybernetics, 2018, 9(4): 629-640.

[169] BU L, LI S C, SHI S S, et al. A new advance classification method for surrounding rock in tunnels based on the set-pair analysis and tunnel seismic prediction system[J]. Geotechnical and geological engineering, 2018, 36(4): 2403-2413.

[170] GARG H, KUMAR K. Distance measures for connection number sets based on set pair analysis and its applications to decision-making process[J]. Applied intelligence, 2018, 48: 3346-3359.

[171] 贺瑞敏, 张建云, 王国庆, 等. 基于集对分析的广义水环境承载能力评价[J]. 水科学进展, 2007, 18(5): 730-735.

[172] WANG W S, JIN J L, DING J, et al. A new approach to water resources system assessment: Set pair analysis method[J]. Science in China series e: Technological sciences, 2009, 52(10): 3017-3023.

[173] ZOU Q, ZHOU J Z, ZHOU C, et al. Comprehensive flood risk assessment based on set pair analysis-variable fuzzy sets model and fuzzy AHP[J]. Stochastic environmental research and risk assessment, 2013, 27(2): 525-546.

[174] WANG D, BORTHWICK A G, HE H D, et al. A hybrid wavelet de-noising and rank-set pair analysis approach for forecasting hydro-meteorological time series[J]. Environmental research, 2018, 160: 269-281.

[175] ZHENG X, XU K L, LI Q M. A set pair analysis approach for dynamic risk assessment of tailings dam failure[C]//Proceedings of the 11th International Mine Ventilation Congress. Beijing: Science Press, 2019: 1024-1035.

[176] 魏明华, 郑志宏, 黄强, 等. 基于改进 SPA 法的地下水环境模糊综合评判[J]. 水利学报, 2009, 40(10): 1204-1209.

[177] 葛巍, 秦玉盼, 李宗坤, 等. 基于集对分析与三角模糊数耦合的溃坝环境影响评价[J]. 水利水运工程学报, 2022(3): 108-114.

[178] 李德毅. 知识表示中的不确定性[J]. 中国工程科学, 2000, 2(10): 73-79.

[179] 李德毅, 孟海军, 史雪梅. 隶属云和隶属云发生器[J]. 计算机研究与发展, 1995, 32(6): 15-20.

[180] 李巍. 基于云模型及改进可变模糊集合的中国溃坝风险后果评价[D]. 郑州: 郑州大学, 2019.

[181] 李德毅, 杜鹢. 不确定性人工智能[M]. 2 版. 北京: 国防工业出版社, 2014.

[182] REN Y T, YAO J P, XU D Y, et al. A comprehensive evaluation of regional water safety systems based on a similarity cloud model[J]. Water science and technology, 2017, 76(3/4): 594-604.

[183] HARADA J, YASUDA N. Conservation and improvement of the environment in dam reservoirs[J]. International journal of water resources development, 2004, 20(1): 77-96.

[184] 国家环境保护总局, 中华人民共和国水利部. 环境影响评价技术导则 水利水电工程: HJ/T 88—2003[S]. 北京: 中国环境科学出版社, 2003.